固体火箭发动机药柱结构完整性分析

张建伟 著

北京航空航天大学出版社

内 容 简 介

本书从固体火箭发动机药柱结构完整性分析的基本概念和基本理论出发,详细、系统地介绍了药柱结构完整性分析的计算模型和计算方法。全书共 5 章,包括绪论、推进剂的力学性质、药柱结构完整性分析的基本方法、基于细观的固体推进剂力学及热物理性能分析、固体火箭发动机药柱寿命预估,并通过典型的算例分析,理论结合实际,反映了当前药柱结构完整性分析领域的研究进展。

本书可作为高等院校航天推进专业的教材,也可供从事发动机结构研究和设计的工程技术人员参考。

图书在版编目(CIP)数据

固体火箭发动机药柱结构完整性分析 / 张建伟著
. -- 北京 :北京航空航天大学出版社,2021.11
ISBN 978 - 7 - 5124 - 3636 - 7

Ⅰ. ①固… Ⅱ. ①张… Ⅲ. ①固体推进剂火箭发动机
—推进剂药柱—研究 Ⅳ. ①V435

中国版本图书馆 CIP 数据核字(2021)第 229659 号

固体火箭发动机药柱结构完整性分析
张建伟 著
策划编辑 董 瑞 责任编辑 董 瑞
*
北京航空航天大学出版社出版发行
北京市海淀区学院路 37 号(邮编 100191) http://www.buaapress.com.cn
发行部电话:(010)82317024 传真:(010)82328026
读者信箱:goodtextbook@126.com 邮购电话:(010)82316936
天津画中画印刷有限公司印装 各地书店经销
*
开本:710×1 000 1/16 印张:11.5 字数:171 字
2021 年 12 月第 1 版 2021 年 12 月第 1 次印刷
ISBN 978 - 7 - 5124 - 3636 - 7 定价:59.00 元

前　　言

固体火箭发动机药柱结构完整性是发动机设计和使用过程中的一个突出问题。发动机药柱从浇铸到完成燃烧任务,必然经受一系列使它产生应力应变的环境,诸如固化后的降温,环境温度变化,长期贮存,运输、弹射和飞行时的加速度,点火后燃烧室增压、冲击、振动等。药柱完整性分析就是要保证在这些载荷和环境条件下药柱内通道表面及其他部位不发生裂纹,药柱与衬层、内绝热层界面不发生脱粘,即药柱结构完整性不被破坏。只有在从制造、贮存到试验或飞行的全过程中保持药柱的完整性,才能保证发动机的正常工作。因此,掌握固体火箭发动机药柱结构完整性分析的基本内容和计算方法对于保障固体火箭发动机可靠性十分必要。

本书是在参考已有固体火箭发动机专著、教材以及国内外有关文献的基础上,结合笔者近年来在药柱结构分析方面的相关研究成果编著而成的,旨在给读者介绍药柱结构完整性分析的一般性理论和方法,并反映当前药柱结构完整性分析研究方面的新技术和新成就。

本书共分5章。第1章为绪论,介绍药柱结构完整性分析研究的主要内容及药柱结构完整性的发展概况。第2章为推进剂的力学性质,介绍粘弹性和粘弹性力学的基本内容,描述推进剂力学性质的各种力学模型及推进剂力学特性。第3章为药柱结构完整性分析基本方法,主要介绍线性粘弹性有限元分析方法、非线性粘弹性有限元分析方法、粘弹性随机有限元分析方法。第4章为基于细观的固体推进剂力学及热物理性能分析,从细观尺度出发,介绍研究复合固体推进剂的力学性能、热物理性质的方法。第5章为固体火箭发动机药柱寿命预估研究,主要介绍药柱的老化研究、寿命预估技术及基于概率统计药柱寿命预估模型。

本书主要基于作者博士期间和近年来的研究成果,并融合了作者协助指导的博士生职世君的论文成果编著而成。在此,衷心感谢博士生导师孙冰教授对本书出版的全力支持,感谢北京航空航天大学蔡国飙教授

1

对本书研究项目的支持,感谢国防科技基础加强计划(2019JCJQZD178)对本书出版的资助,感谢北京航空航天大学出版社对本书出版工作的大力支持。

限于作者水平,书中若有欠妥及错误之处,敬请读者批评指正。

作　者

2021 年 6 月

目　　录

1

第1章 绪 论

1.1 引 言

　　航天技术是指探索、开发和利用太空和地球以外天体资源的工程技术。半个多世纪来,航天技术飞速发展并取得了一系列成就,已先后研制出80多种运载火箭、600多种导弹,发射了5 000多个航天器。有100多个国家和地区参加了航天活动,航天活动已成为许多国家国民经济和军事部门的重要组成部分。而固体火箭发动机是各类火箭、导弹和航天器的重要动力装置,在航天技术的发展中有着举足轻重的地位。

　　固体火箭发动机是以固体推进剂的化学能作为能源,以固体推进剂的燃烧产物作为工质,高速度地向后喷射而获得反作用推力的喷气推力动力装置。它具有结构简单、工作可靠、维护简单、使用方便、能长期贮存和机动性能好等特点,已广泛用于各种航天飞行器和运载工具。它可用于大型运载火箭的助推发动机、航天飞行器的近地点/远地点加速发动机、变轨发动机以及再入体返回降落的制动发动机,也可作为座舱的逃逸火箭等,还可用作反卫星武器的动力装置。由于它能在外层空间长期贮存,随时待命发射,故它在未来的卫星-太空战防御体系中会得到进一步的发展和应用。

　　固体火箭发动机主要由固体推进剂装药、燃烧室、喷管和点火装置四大部件组成,有些发动机还有辅助部件,其典型结构如图1-1所示。

　　装药是指燃烧室内装入的具有一定形状和尺寸的推进剂药柱的总称,是固体火箭发动机工作的能源和工质源。固体推进剂有双基推进剂、复合推进剂和复合双基推进剂三大类。双基推进剂的基本成分是硝化棉和硝

1

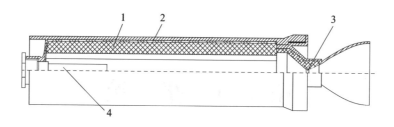

1—推进剂装药；2—燃烧室壳体；3—喷管；4—点火装置

图 1-1　固体火箭发动机的基本组成

化甘油,它是早期的一种推进剂,其能量、密度和力学性能较低,安定性也不好。复合推进剂的基本成分是氧化剂、黏合剂和金属燃料,复合推进剂还有少量的其他成分,用以改善推进剂的性能。复合改性双基推进剂也称复合双基或改性双基推进剂,它有较高的能量特性,火焰温度高、燃烧效率高。装药装入燃烧室的方式有自由装填式和铸装式两种。自由装填式装药是事先将药柱制成一定形状和尺寸后再装入燃烧室中,用轴向和侧向装药支撑装置将药柱定位,药柱在燃烧室内按一定的规律燃烧,形成高温高压的燃烧气体。铸装式装药是将推进剂直接浇注到燃烧室内,通常装药外侧与燃烧室壳体粘结成一个整体,浇注装药时,内孔装入不同的芯针,在成型后取出,便可形成不同几何形状的内孔,从而得到不同的燃烧规律。

发动机药柱设计必须在考虑战术技术性能的同时,充分考虑药柱结构的完整性要求。对于自由装填式的发动机而言,药柱强度问题通常不大。对于铸装式发动机,尤其是药柱内孔形状复杂时,通常都有较严重的药柱强度问题。发动机药柱从浇铸到完成燃烧任务,必然经受一系列使它产生应力应变的环境,诸如固化后的降温,环境温度变化,长期贮存,运输、弹射和飞行时的加速度,点火后燃烧室增压、冲击、振动等。对于一些特殊要求的发动机,还有壳体外部增压,飞行时的气动加热等。药柱完整性分析工作就是要保证在这些载荷和环境条件作用下药柱内通道表面及其他部位不产生裂纹,药柱与衬层、内绝热层界面不发生脱粘,即药柱结构完整性不被破坏。此外还要求药柱不发生过大的变形而堵塞药柱通气道,更不能使药柱自燃。只有从制造、贮存到试验或飞行的全过程中保持药柱的完整性,才能保证发动机正常工作。

固体火箭发动机寿命预估是固体火箭发动机的重要研究内容之一,一直受到设计和使用部门的重视。人们要求发动机有较长的贮存期,并希望准确地知道这一贮存期限,以避免因过早地销毁或更换发动机而造成浪费,或因盲目使用已经过期失效的发动机而造成严重后果。而固体火箭发动机的寿命主要取决于推进剂药柱的寿命,包括化学和物理性能、内弹道性能以及结构完整性。长期贮存固体火箭发动机的实践证明:其内弹道稳定性一般比化学稳定性短得多,故多把药柱结构完整性作为评价发动机寿命的主要指标。因此,研究固体火箭发动机药柱的结构完整性具有重要的意义。

1.2 药柱结构完整性分析研究内容

药柱结构完整性分析涉及技术内容广泛,是一项多学科的系统工程,主要包括原始数据分析、结构应力分析和结构破坏分析,以及在此基础上估计结构的安全裕度和使用寿命。其主要工作程序如图1-2所示。

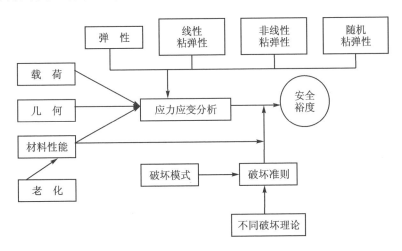

图1-2 药柱结构完整性分析图

1.2.1 原始数据分析

从固体推进剂药柱填充在燃烧室开始,直到发动机点火升压为止,整个服役期间，发动机所受的外载荷情况十分复杂。药柱首先碰到的负载是热载荷。由于固体推进剂药柱必须固化，从固化温度到使用温度一般要降温，对于贴壁浇铸式药柱，它是粘结到发动机壳体上的，同时推进剂的热膨胀系数比壳体材料热膨胀系数要高一个数量级（复合固体推进剂的线热膨胀系数约为 $10^{-4}℃^{-1}$，双基推进剂的为 $1.5×10^{-5}℃^{-1}$，而钢及玻璃钢约为 $10^{-5}℃^{-1}$），因此就不可避免地要产生热应力、应变。最危险的区域一般是在药柱直筒段内孔、翼和槽的凹槽表面及药柱两端的绝热层-衬层-推进剂交界面处。药柱固化时还会产生固化热，使药柱内部温度高于控制的固化温度，并且推进剂固化时要产生固化收缩，此时所产生的应力应折算后叠加到固化降温所产生的应力中去。规定固化降温的初始温度为 0，应力温度为 T_0，则复合推进剂的 T_0 一般要比固化温度高 8 ℃，双基推进剂高约 15 ℃。每种推选剂药柱的零应力温度可以通过测定药柱固化时的内部温度和推进剂固化时的体积收缩量而得到。另外还可以通过测定圆孔发动机内孔变化而得到，将圆孔发动机升温到药柱中段直径与芯模直径一样时的温度就是 T_0。第二种负载是加速度载荷。发动机在贮存、运输、筒内发射和火箭飞行中，都会产生轴向和横向加速度。当加速度随时间的变化与药柱的固有频率相比较缓慢时，可将加速度载荷作为静载荷处理；否则，如加速度随时间周期变化，可将加速度载荷作为冲击负载处理。在缓慢的轴向加速度作用下，发动机药柱圆筒段的剪应力与直径成正比，药柱的位移与直径的平方成正比。因此，对于大直径、高温工作或高加速度的发动机，这种负面影响是很大的。该负载可能引起药柱两端内孔凹槽处药柱产生裂纹，甚至中段绝热层-衬层-推进剂界面被破坏。对于潜入式喷管和药柱径向开槽的发动机，还应考虑药柱下沉对发动机内弹道的影响。在横向贮存和加速度作用下，也会出现变形问题。为了防止壳体与药柱在贮存时变形过大，可定期旋转发动机。第三种负载主要是发动机的工作内压或贮存时的保护压力作用。这种载荷从贮存状态或点火开始到熄火为止一直存在，发动机壳体与药柱在内压作用下都会发生变形，药柱能承受工作内压作用是发动机设计的基本点，否则会导致发动机穿火乃至爆炸等严重事故。

推进剂药柱在上述全部载荷作用下的结构响应完全取决于药柱的构型和几何尺寸,药柱的肉厚分数和长径比是影响应力的两项重要参数。实际发动机中,最大应力通常发生在不连续点处,如药柱粘结面的终点,药柱最大应变则发生在内孔表面,或者是长圆柱孔的中间部位,或者是在几何不连续点处。设计者的任务就是要确保这些临界点处的应力和应变不超出允许范围。这就要靠调节构型或几何尺寸,使之既能满足弹道要求,又能满足强度要求。人工脱粘是消除不连续点处应力集中的较实用的措施。

固体火箭发动机药柱材料为粘弹性材料,粘弹性材料的性能在很大程度上取决于检验温度和作用时间。也就是说,材料的应力和应变在不同的环境温度及不同的加载速度下,会呈现出不同的关系,明显的特点是蠕变和应力松弛。具体的推进剂药柱的材料性能将在第 2 章中详细介绍。

固体推进剂药柱老化是一个复杂的物理、化学变化过程,所有这些变化都将引起推进剂内部结构和外观变化,致使推进剂的力学性能降低和弹道性能发生变化。影响推进剂老化的原因有两个方面:一是来自推进剂本身的内部因素。内部因素主要指构成推进剂的黏合剂在结构上的弱点和推进剂其他组分的作用。二是外部因素,主要是环境因素,如热、氧、水份、辐射、盐雾等。研究推进剂的老化问题,应从研究内部因素入手,以便了解影响老化性能的关键所在,从而采取适当的防老化措施。同时,也要尽量减少或控制影响老化的外部因素,以达到延长使用寿命的目的。

1.2.2　结构分析

固体药柱结构分析是十分复杂的,主要有以下几个方面的原因:第一,粘弹性效应的影响。复合固体推进剂基体是一种高聚物,具有粘弹性,其力学性能依赖于时间和温度的变化。第二,材料参数的分散性影响,使得对固体药柱的结构分析不能沿用传统的分析方法。现代固体火箭发动机一般采用复合固体推进剂,其材料的力学性能由于制造工艺、贮存老化等因素而有一定的分散性。固体推进剂的模量一般比较低,大约为燃烧室壳体的 10^{-5} 左右,并且随时间、温度而变化,不利于精确测量,进行结构分析时需要考虑分散性的影响。另外,内压作用时药柱处于一种三向受压状态,材料近似不可压缩,此时固体药柱泊松比对结构分析的影响非常大,但由于接近于0.5,故精确测量更加困难,但考虑其分散性将有利于提高计算结果的可信度。第三,固体药柱为了得到较好的内弹道性能,其内通道形状一般比较复杂,建模困难。第四,固体推进剂药柱所承受的负载比较复杂,如固化降温、工作内压、飞行加速度、运输和飞行中的振动、冲击以及其他因素的影响。

进行固体药柱结构分析有以下几种方法:工程上采用弹性分析的手段,而后利用等效模量来考虑粘弹性性质;有限元的发展为药柱结构分析提供了强大的数值工具,常用的方法有线性粘弹性有限元的结构分析、非线性粘弹性有限元分析、粘弹性随机有限元分析。随着计算细观力学的发展,近年来推进剂的结构分析进入跨尺度的研究领域中。下面的章节将详细介绍其研究进展。

1.2.3 结构破坏分析

完成对药柱结构的分析后,开始对药柱进行破坏分析。药柱破坏模式主要有三种:第一种是破裂,这种破坏模式对于各种类型的发动机来说是最主要的;第二种是过大变形,主要是长期贮存造成的重力塌陷及发射过载造成的轴向塌陷,对于大型、高装填密度的发动机应该重点分析;第三种是自燃,指药柱内部因自身能量积聚、温度升高而导致的自动发火现象。由于固体推进剂材料内部在各种振动条件下会产生内部摩擦,故可能导致温度升高而发生点燃,目前尚难估算。

针对各种破坏模式,都要定出判定破坏的依据,即破坏准则。建立破坏准则涉及机理的分析、检验。对于应力、应变破坏的模式,则涉及采用何种破坏机理,是断裂力学还是经典弹性理论。更多情况下根本不可能采用解析方法,只能依靠概率分析。确定了破坏准则,则可以求得破坏应力,和结构应力比较即可得安全裕度。

完成了性能测试和结构完整性分析后,最后一项重要的任务是给出确保药柱能正常使用的期限——药柱寿命。药柱寿命问题涉及的问题比较复杂,不仅取决于贮存条件和环境因素,还与材料的老化密切相关。而且,由于随机因素太多,寿命预估只能以概率统计为基础进行概率估算。

1.3　药柱结构完整性分析的发展

前面对药柱结构完整性研究的内容进行了总结,明确了药柱结构完整性的三个主要内容:推进剂性质、结构分析以及破坏准则。下面将分别对其发展现状进行阐述。

1.3.1　推进剂性质研究进展

推进剂性质研究主要包括粘弹性本构关系研究和老化研究。

固体推进剂作为一种高分子聚合物,具有典型的粘弹性特征,其力学性质不仅与时间、温度、湿度等有密切的依赖关系,而且与加载历程和加载速率有关,至今还没有找到一种完整的理论对推进剂的特性做出准确的描述。

实验表明,在某些特定条件下,推进剂的应力-应变本构关系具有成比例和可叠加性,即所谓的线性特性。据此,发展了三种数学描述方法,即微分算子表示法、积分算子表示法和复数表示法。这三种表达式是等价的,可以相互转换。长期以来,这些数学方法在固体火箭发动机药柱结构完整性分析中得到了广泛的应用。

近年来,随着柔性的纤维复合材料发动机壳体和高延伸率推进剂的广泛使用,多种非线性粘弹性模型被相继提出。Christensen 提出了一种适用于不可压缩橡胶类材料的非线性粘弹理论;一种比较典型的非线性粘弹性模型是 Swanson 和 Christensen 基于 Lagrange 构型提出了一种适用于高延伸率推进剂的本构方程;针对粘弹性材料在加载过程中的率变特性,朱兆祥、王礼立和唐志平在研究高应变率下高聚物的力学响应时提出了朱-王-唐非线性本构模型,该模型包括非线性弹性项和粘性项,可以表征在宽泛应变率条件下的粘弹性材料的力学响应。

至于固体推进剂的老化研究,对于双基推进剂的老化机理目前已有比较深入的研究。随着复合推进剂的广泛采用,一些关于复合推进剂的老化研究工作也已开展。老化对力学性能的影响则多限于定性分析,定量的分

析仍多延用 Arrhenius 经验公式,即

$$K = A \cdot \exp\left(-\frac{E}{RT}\right)$$

其中,K 为老化速率;E 为活化能;R 为气体常数;T 为温度;A 为指前因子。

研究推进剂老化性能的方法还有动态粘弹分析法和 CT 识别法等。

1.3.2 药柱结构分析发展研究

固体火箭发动机药柱的结构分析是随着人们对药柱力学性质的认识及计算能力的提高而逐步发展的。20 世纪 60 年代以前,由于计算手段比较落后,对药柱的结构分析主要以解析法为主。工程上通常把药柱简化为圆筒进行分析,然后利用试验手段确定局部应力集中系数,以此进行药柱的实际设计。弹性-粘弹性对应原理是求解粘弹性问题的重要工具,可将粘弹性问题经拉氏变换后转换为对应的弹性问题,从而简化计算。

解析法可以解决一些简单的结构问题,但是对于复杂的火箭发动机结构则难以应用解析法。随着对固体推进剂力学性质的深入研究及计算技术的发展,以有限元为代表的数值方法逐渐成为粘弹性结构分析的主要研究手段。

随着试验研究和本构关系研究的不断深入,结构分析在最初弹性分析的基础上,逐步从线性粘弹性分析演变为非线性粘弹性分析,再发展到随机粘弹性分析。

由于固体推进剂的泊松比接近于 0.5,近似于不可压缩,当用由积分型粘弹性本构关系式建立的一般粘弹性有限元法进行固体推进剂药柱应力、应变分析时,求得的位移场会出现很大的误差。Herrmann 提出了处理不可压缩和近似不可压缩弹性问题的方法,并引入平均应力函数 H 作为附加的未知变量,使应力和应变通过 H 相联系,从而泊松比等于 0.5 时也不会出现奇异。张海联、周建平基于不可压缩粘弹性本构关系,发展了一种粘弹性增量有限元方程,这种方法考虑了不可压缩或近似不可压缩材料的特点,利用增量来处理遗传积分,形成了递推增量有限元方程,在求解

过程中,只需要形成一次总体刚度矩阵,效率较高。

因为固体火箭发动机药柱是粘弹性高分子聚合物,又具有近似不可压缩特性,在结构分析中,通常采用弹性力学或线性粘弹性力学来计算药柱内部的应力和应变,结果误差较大。此外,固体推进剂材料的模量很低,在大载荷作用下变形比较大,线性分析影响了结构分析的准确性。随着计算技术的发展和非线性粘弹性理论的应用,已开展了大量的药柱非线性结构分析方面的研究。

固体火箭发动机药柱设计中影响结构强度的因素包括载荷、环境、结构尺寸和材料性能,严格来说这些都是非确定性参数。传统的设计方法不考虑这些参数的随机性,而将它们作为确定量看待,仅仅用一个由经验确定的安全系数来保证,因此随机性可能对产品的可靠性造成影响。随着计算精度的提高,继续沿用传统的安全系数就会产生精度不匹配问题,这就要求在设计和结构分析中考虑影响结构强度诸因素的随机性。近些年来,随着计算能力的提高,也为了能描述工程结构的实际情况,考虑不确定因素已成为一种趋势。通常是用 Monte Carlo 方法进行直接模拟,但其缺点是计算量非常大,随着粘弹性随机有限元的引入,计算效率得到了很大提高。

关于固体药柱随机分析方面的研究还比较少。Heller、Kamat 和 Singh 将药柱的贮存环境温度描述为高斯窄波随机过程,通过解析形式给出了中空圆柱弹性药柱的应力应变解,分析了强度、应力和应变的统计性质,给出了药柱的失效概率。Heller 和 Singh 进一步将其推广到粘弹性情况。谭三五和王秉勋等考虑了部分参数的随机性,以轴对称线弹性有限元理论为基础列出了药柱可靠度仿真程序框图,这实际上是响应曲面法的应用,其中没考虑材料的粘弹性,也没有进行理论公式推导和算例计算。张海联、周建平以近似不可压缩粘弹增量有限元和摄动法为基础,利用增量法处理遗传积分,应用参数摄动考虑随机性,采用局部平均方法对随机场进行离散,通过相关结构分解减少计算量,发展了一种粘弹性随机有限元方法。应用该方法进行粘弹性结构的随机模拟,程序实施简单,计算效率和精度较高,并且能对药柱性能参数等随机变量进行随机分析。

20 世纪 60 年代以来,随着复合材料的发展及广泛应用,人们迫切需要有一个理论来指导如何确定各相所占比例才能使得由两种或多种材料构成的复合材料的刚度、热物理特性等宏观性能满足工程实际需求,这些工程需求真正促进了复合材料细观力学的发展。研究复合材料有效性能的细观力学有很多,较成熟的理论大体上有:Eshelby 提出的等效夹杂理论,通过等效方程和 Eshelby 张量计算了含夹杂复合材料的等效模量。Hill 与 Budiansky 采用自洽方法研究了夹杂体积含量较高的复合材料的等效模量,成功地预测了多晶体材料的宏观力学性能。Mori 与 Tanaka 在等效夹杂方法的基础上提出以背应力考虑不同夹杂之间的相互作用,得到了等效模量的显式表达,即 Mori - Tanaka 方法。除此之外,广义自洽理论和微分法也为研究复合材料宏观力学性能提供了有力的理论依据。为便于理论推导,这几种方法对复合材料做了多种简化假设,不能够充分考虑复合材料的实际情况,如材料夹杂的非均匀性分布特性,材料夹杂之间的互相影响,因此这几种方法对于准确预测复合材料的宏观力学性能仍显不足。

由于有限元可以根据不同的材料本构关系,求解各种复杂结构受载时的力学响应,故其在复合材料及结构力学的研究领域中得到了相当广泛的应用。将有限元技术应用于复合材料细观力学便产生了有限元计算细观力学。作为计算细观力学的最主要组成部分,近年来有限元计算细观力学的发展一直是计算细观力学发展的主要特征和推动力。有限元计算细观力学的最大优点在于能够通过夹杂直径尺度下的完整应力、应变场来反映复合材料的宏观应力、应变特征,可以分析宏观有效性能对复合材料细观结构的依赖关系。这种计算方法可以定量地描述夹杂的形状、尺寸、分布和体积含量等细观结构参数对宏观力学性能的影响,有助于复合材料细观结构的设计。复合固体推进剂以高聚物黏合剂为基体,并在基体中填加了氧化剂颗粒和金属粉,以及少量的其他成分。可见,复合固体推进剂既是一种多相混合物,又是一种典型的颗粒夹杂复合材料,采用有限元计算细观力学方法对其进行研究已成为一种趋势。

从国内外已发表的一些文献中可知,计算细观力学在固体推进剂方面的应用仍然不够广泛,比较有代表性的主要还是伊利诺斯大学香槟分校的研究。2005 年,Tan 等通过数字图像等相关技术获得了高爆炸物 PBX9501 紧凑拉伸试样裂尖周围的应力场及位移场,利用扩展的 Mori - Tanaka 方法对试验结果做了均匀化处理,从而提取了 PBX9501 固体颗粒与基体之间细观粘结准则(cohesive law)的相关参数,如界面的线性模量、界面强度及界面的软化模量。同年,Matous 等利用他们的自主开发软件 Rocpack 生成了固体推进剂代表性体积单元模型,并介绍了关于细观二维和三维模型的网格划分方法,以及均匀化理论。他们在固体颗粒和基体之间设置了粘结单元(cohesive element)来模拟固体颗粒和基体之间损伤的产生及发展。

国内细观力学的发展起步稍晚。1996 年,方岱等将细观力学和计算力学方法相结合,分别建立了六面体元与立方体元排列模型,以确定复合材料中的局部和平均应力、应变场,并对旋转体和非旋转体颗粒增强复合材料的有效模量进行了三维有限元数值计算。2000 年,彭威等取代表性体积单元为球形体胞,即在球形基体中包含同心球的颗粒两相模型,运用弹性-粘弹性对应原理建立了复合固体推进剂粘弹性脱湿两相球颗粒模型,利用能量守恒得到了脱湿时间的控制方程。袁嵩、李高春等建立了复合推进剂单胞体的细观模型,计算了颗粒与基体粘结完好和脱粘两种情况下颗粒与基体内的应力分布。随后,李高春等应用分子动力学方法得到了复合固体推进剂的细观模型,采用细观力学有限元法和 Mori - Tanaka 分析法相结合的方法计算了固体推进剂的模量。曲凯、李高春等基于内聚力界面粘结模型,用 Mori - Tanaka 方法研究了非线性界面脱粘对固体推进剂力学性能的影响。刘承武、阳建红等针对复合固体推进剂基体大变形和界面脱粘问题,对 Mori - Tanaka 法进行了改进。为验证该方法的有效性,针对固体推进剂颗粒随机填充的特点,他们提出了一种含非线性界面脱粘的数值方法。

总的来看,国内的研究成果与国外尚有一定的差距,所采用的计算模型偏简单,或采用单胞体,或所研究的固体推进剂颗粒体积分数较低、颗粒分布稀疏。因此,关于如何更真实地反映固体推进剂细观尺度的力学特征仍需要继续进行深入的研究。

1.3.3 破坏准则

一般来说,选取一种合适的破坏准则,必须考虑下列参数:① 应力/应变状态;② 加载过程、时间、速度、循环载荷和累积损伤;③ 湿度影响;④ 温度影响;⑤ 老化影响;⑥ 有限变形。但目前还没有一种能包括上述所有参数的固体推进剂通用破坏准则,故选取难度实在太大。所有现行的固体推进剂破坏准则几乎都是根据金属材料的塑性-脆性经典破坏理论,综合考虑推进剂的粘弹特征推导出来的。这些年来,已提出的破坏理论如图 1-3 所示。

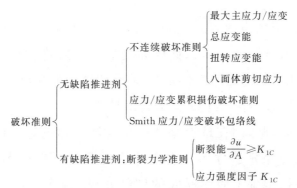

图 1-3 已提出的破坏理论

药柱破坏的判据目前有经验判据和药柱的累积性损伤判据。

(1) 药柱破坏的经验判据

做药柱破坏的初步分析时,仍然可以采用金属材料的强度理论,如最大应力理论、最大应变理论、最大切应力理论、最大切应变理论和最大应变能理论等作为药柱破坏判据。

由于发动机壳体刚硬,且是发动机的主要承力部件,药柱只要能随它变形而不至于产生裂纹与脱粘,就能保持结构完整性,故在固化降温与工作压力作用下应以伸长率作为判据。这个问题曾引发关于推进剂力学性能发展方向的探讨:是以提高强度为主还是在适当的强度下以大力提高伸长率为主?结论是后者,这已被发动机研制实践所证实。当然,对推进剂的松弛模量也要适当要求,否则药柱变形太大也会出现新的问题。要求适当的强度主要是使药柱具有承受轴向或横向加速度的能力,这种加速度载荷必须靠药柱自身的强度(包括推进剂与衬层、绝热层与衬层的粘结强度)来承担。因此,分析药柱结构完整性问题时,破坏判决采用混合型:当受热载荷和压力载荷时,以伸长率作为判据;而受加速度载荷时,以强度作为判据;对于多向应力状态,由于适用范围内推进剂的韧性很好,故采用八面体剪应力或剪应变作为破坏判据比较合理。在实际应用中,还应补充一个条件,即主应力或主应变之和达到一定特定值时也要破坏,否则三向均匀拉伸无论应力、应变多大都不会破坏,这是不可能的。

(2) 药柱的累积性损伤判据

药柱从浇注成型直到点火,经历着各种载荷的作用,对药柱来讲,每次受载都会造成一定的损伤,这些载荷共同造成的损坏称为累积性损伤。药柱的累积性损伤可以根据迈因纳(Miner)提出的关于金属材料的累积性损伤理论来计算。

设 N_{F_i} 为试件受第 i 级应力发生损坏时的循环次数;N_i 为试件受第 i 级应力的循环次数。迈因纳指出,若试件承受 n 级应力作用,当

$$\sum_{i=1}^{n} \frac{N_i}{N_{F_i}} = 1$$

时,试件发生破坏。

威廉斯(Williams)根据迈因纳的上述损坏线性叠加的理论,提出药柱内表面的累积性损伤为

$$\sum D_i = \sum_{i=1}^{n} \frac{\varepsilon_i}{\varepsilon_{mi}}$$

其中,ε_i 为各个载荷产生的应变响应;ε_{mi} 为所允许的最大应变。当 $\sum D_i = 1$ 时,内表面发生破坏。

药柱与壳体之间的粘结面的累积性损伤为

$$\sum D_i = \sum_{i=1}^{n} \frac{t_i}{t_{fi}}$$

其中,t_i 为粘结面承受载荷时;t_{fi} 为粘结面承受载荷时的破坏时间。当

$\sum D_i = 1$ 时，粘结面发生破坏。

以上公式没有考虑加载顺序的影响，实际上这种影响是存在的。因此，应对每种载荷所造成的损坏进行"加权"处理。

第 2 章　推进剂的力学性质

推进剂是粘弹性材料,因此药柱结构完整性分析必须在粘弹性力学理论基础上进行。本章从推进剂的粘弹性性质出发,研究了推进剂的各种力学性能,为后续进行药柱结构分析提供理论基础。

2.1　粘弹性和粘弹性力学

弹性固体具有确定的形状,在外力作用下可以变形,并具有新的平衡状态下的形状,当除去外力后,弹性固体能完全恢复原来的形状。与此相反,黏性液体却没有确定的形状,在外力作用下会发生不可逆的流动。粘弹性则是介于二者之间的性质,这是高聚物的重要特征之一。

关于粘弹性问题的研究可以分为两个方面,即连续介质力学法和分子理论法。后者是从分子结构出发推导出整体的粘弹性质;而前者则不考虑物体的分子结构,以宏观模型和数学解析的办法描述粘弹性物体的行为。这里讲的粘弹性力学就属于这种研究体系,简单来说,就是研究粘弹性物体因受外力作用或温度改变等而产生的应力、形变和位移的科学。粘弹性体的形变不仅和当时作用的外力大小有关,而且和温度的改变、力的作用时间及加载历史都有关系。因此粘弹性可以定义为某些材料在一定温度范围内和一定加载条件下呈现的兼具粘性和弹性效应的特性。粘弹性力学就是要在充分反映材料的粘弹性特性前提下,建立各应力和形变分量的本构关系,从而解决粘弹性物体的应力和形变分析问题。

2.2　描述推进剂力学性质的各种力学模型

无论是双基推进剂药柱,还是复合推进剂药柱,其力学特性都表现出对时间、温度的明显依赖性。例如,做推进剂拉伸试验,对试件施加阶跃的应力 σ_0 时,其应变响应如图 2-1 所示。线段 OA 表示应变的瞬时弹性响应,曲线段 AB 表示由推进剂大分子的伸屈和相互移动所引起的延迟弹性响应和流动响应——蠕变。当应力在 t_0 瞬时突然移去时,应变立即减小(线段 BC),线段 BC 等于线段 OA,其后应变沿曲线 CD 逐渐恢复,并残留少量因流动响应而引起的残余应变。

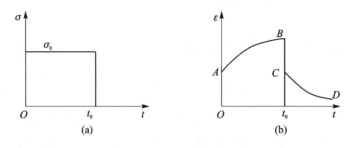

图 2-1　阶跃应力的应变响应

同样,若对推进剂试件施加阶跃的应变 ε_0 时,其应力响应如图 2-2 所示。线段 OA 表示应力的瞬时弹性响应,随后应力即沿曲线段 AB 逐渐衰减——应力松弛。当应变在 t_0 瞬时突然移去时,则立即伴随着一个瞬时的应力降落(线段 BC),随后应力沿曲线 CD 逐渐松弛。

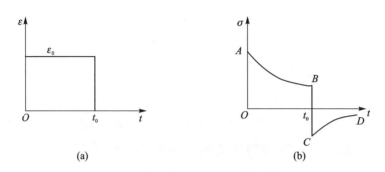

图 2-2　阶跃应变的应力响应

推进剂在使用温度(高于推进剂的玻璃化温度)下都具有如上所述的力学特性——粘弹特性,因此,推进剂属于粘弹性材料。

粘弹性材料的力学性质可以用一些力学模型来描述。通常,瞬时弹性响应用一个弹性系数为 E 的弹簧(胡克模型)来模拟,此时

$$\sigma = E\varepsilon$$

流动响应则用一个粘性系数为 η 的阻尼器(牛顿模型)来模拟,此时

$$\sigma = \eta \frac{\mathrm{d}\varepsilon}{\mathrm{d}t}$$

粘弹材料的力学性质则可以利用这两种元件的各种组合来模拟。

2.2.1 麦克斯韦(Maxwell)模型

麦克斯韦模型是由一个弹簧元件和一个阻尼器元件串联构成的,如图 2-3 所示,其本构关系为

$$\left(\frac{1}{E} \frac{\mathrm{d}}{\mathrm{d}t} + \frac{1}{\eta} \right) \sigma(t) = \frac{\mathrm{d}}{\mathrm{d}t} \varepsilon(t) \qquad (2-1)$$

当对这种模型施加阶跃应变 ε_0 时,由式(2-1)得

$$\sigma(t) = \varepsilon_0 E \exp\left(-\frac{E}{\eta} t \right) = \varepsilon_0 E \exp\left(-\frac{t}{\tau} \right) \quad (2-2)$$

或

$$\frac{\sigma(t)}{\varepsilon_0} = E(t) = E \exp\left(-\frac{t}{\tau} \right) \qquad (2-3)$$

式中,$\tau = \eta/E$;$\sigma(t)/\varepsilon_0 = E(t)$,称为应力松弛模量。

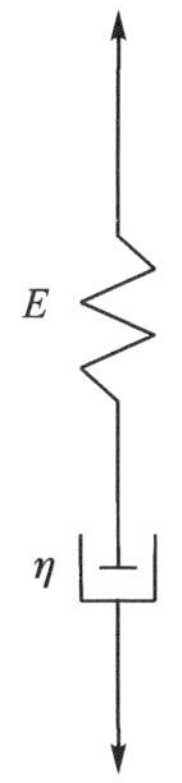

图 2-3 麦克斯韦模型

式(2-3)所表示的应力响应如图 2-4 所示。随着时间的增长,应力逐渐降低,它反映了应力松弛效应。但当 $t \to \infty$ 时,$\sigma(t) \to 0$,这与推进剂的应力松弛效应稍有差别。

当这种模型施加阶跃应力 σ_0 时,有应变响应,即

$$\varepsilon(t) = \frac{\sigma_0}{E} + \frac{\sigma_0}{\eta} t \qquad (2-4)$$

式(2-4)所表示的应变响应如图 2-5 所示。等号右边第 1 项为瞬时弹性响应,第 2 项为流动响应。可见,这种模型没有延迟弹性响应。因此,用麦克斯韦模型来描述推进剂力学性质不够逼真。

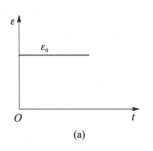 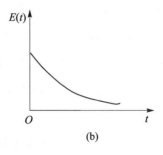

图 2-4 应力响应

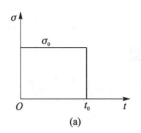 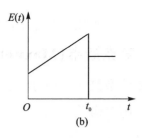

图 2-5 应变响应

2.2.2 沃伊特(Voigt)模型

沃伊特模型又称凯尔文(Kelven)模型,是由一个弹簧元件和一个阻尼元件并联构成的,如图 2-6 所示。其本构关系为

$$\sigma(t) = \left(E + \eta \frac{\mathrm{d}}{\mathrm{d}t}\right)\varepsilon(t) \qquad (2-5)$$

由于这种模型没有瞬时弹性响应,所以不能施加阶跃应变 ε_0,当对这种模型施加阶跃应力 σ_0 时,得应变响应,即

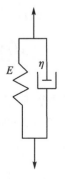

图 2-6 沃伊特模型

$$\varepsilon(t) = \frac{\sigma_0}{E}\left[1 - \exp\left(-\frac{E}{\eta}t\right)\right] = \frac{\sigma_0}{E}\left[1 - \exp\left(-\frac{t}{\tau}\right)\right] \qquad (2-6)$$

或

$$\frac{\varepsilon(t)}{\sigma_0} = \frac{1}{E}\left[1 - \exp\left(-\frac{t}{\tau}\right)\right] \qquad (2-7)$$

式中,$\varepsilon(t)/\sigma_0 = J(t)$,称为蠕变柔量。

式(2-7)所表示的应变响应如图 2-7 所示。它反映了延迟弹性响应

(蠕变),而没有反映瞬时弹性响应。因此,用沃伊特模型来描述推进剂的
力学性质也不够逼真。

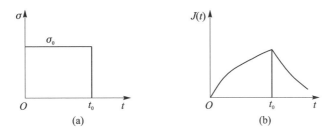

图 2-7　应变响应

2.2.3　广义麦克斯韦模型

广义麦克斯韦模型由 n 个并联的麦
克斯韦元件与一个弹簧元件并联构成,如
图 2-8 所示,其本构关系为

$$\sigma(t) = \left[E_e + \sum_{i=1}^{n} \frac{E_i \dfrac{\mathrm{d}}{\mathrm{d}t}}{\dfrac{\mathrm{d}}{\mathrm{d}t} + \dfrac{1}{\tau_i}} \right] \varepsilon(t) \tag{2-8}$$

式中,$\tau_i = \eta_i / E_i$。

对这种模型施加阶跃应变 ε_0 时,则
每个麦克斯韦元件皆有阶跃应变 ε_0。应
力响应为

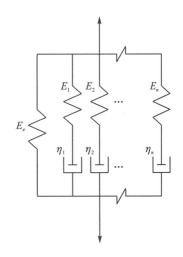

图 2-8　广义麦克斯韦模型

$$\frac{\sigma(t)}{\varepsilon_0} = E(t) = E_e + \sum_{i=1}^{n} E_i \exp\left(-\frac{t}{\tau}\right) \tag{2-9}$$

式(2-9)所表示的应力响应如图 2-9 所示。该式通常用来表征推进
剂的应力松弛模量。为了能长时间逼真地表征推进剂的应力松弛模量,往
往需要 15~20 个麦克斯韦元件。

当对广义麦克斯韦模型施加阶跃应力 σ_0 时,其应变响应如图 2-10
所示。

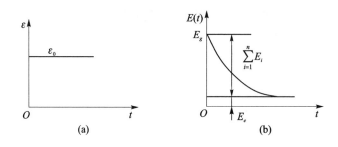

图 2 - 9　应力响应

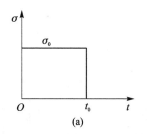

图 2 - 10　应变响应

2.2.4　广义沃伊特模型

广义沃伊特模型由 n 个串联的沃伊特元件与一个弹簧元件构成,如图 2 - 11 所示,其本构关系为

$$\varepsilon(t) = \left[\frac{1}{E_g} + \sum_{i=1}^{n} \frac{1}{E_i} \frac{1}{\tau_i \left(\dfrac{\mathrm{d}}{\mathrm{d}t} + \dfrac{1}{\tau_i} \right)} \right] \sigma(t)$$

式中,$\tau_i = \eta_i / E_i$。令 $J_g = 1/E_g$,$J_i = 1/E_i$,则

$$\varepsilon(t) = \left[J_g + \sum_{i=1}^{n} J_i \frac{1}{\tau_i \left(\dfrac{\mathrm{d}}{\mathrm{d}t} + \dfrac{1}{\tau_i} \right)} \right] \sigma(t)$$

$$(2 - 10)$$

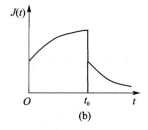

图 2 - 11　广义沃伊特模型

当对广义沃伊特模型施加阶跃应力 σ_0 时,则每个沃伊特元件皆有阶跃应力 σ_0 作用。有应变响应

$$\frac{\varepsilon(t)}{\sigma_0} = J(t) = J_g + \sum_{i=1}^{n} J_i \left[1 - \exp\left(-\frac{t}{\tau_i} \right) \right] \qquad (2-11)$$

式(2-11)所表示的应变响应如图 2-12 所示,该式通常用来表征推进剂的蠕变柔量。为了能长时间逼真地表征推进剂的蠕变模量,往往需要 15~20 个沃伊特元件。

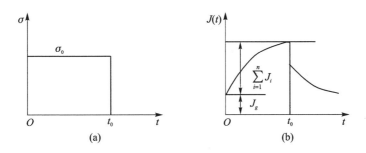

图 2-12　应变响应

当对广义沃伊特模型施加阶跃应变 ε_0 时,其应力响应如图 2-13 所示。

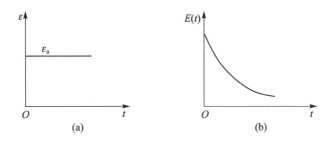

图 2-13　应力响应

因此,为表征推进剂的应力松弛效应,通常采用广义麦克斯韦模型,若表征推进剂的蠕变效应,则采用广义沃伊特模型。

2.3　推进剂的应力-应变关系

表示线性粘弹性的应力-应变关系通常有三种数学表达方式。这三种表达方式实际上是相当的,因为他们互相关联且可以互相转化。

2.3.1 积分算子表示式

就线性粘弹性材料而言,蠕变实验的响应可以表示为如下关系,单向拉伸:

$$\varepsilon = J(t)\sigma$$

式中,σ 为施加的阶跃应力;$J(t)$ 为蠕变柔量,表示施加单位阶跃应力时材料的蠕变响应。对于任意一应力加载历程,蠕变响应则必须表示为积分形式

$$\varepsilon(t) = \int_0^t J(t-\tau) \frac{\mathrm{d}\sigma(\tau)}{\partial \tau} \mathrm{d}\tau \qquad (2-12)$$

这个积分又称为波尔兹曼叠加积分。它给出了时间 t 时的总应变响应,即反映了 t 时间以前所有加载历程对时间为 t 时的响应的总叠加,亦即反映了加载过程的遗传因素。因此,粘弹性力学里又称这个积分为遗传积分。载荷 $\sigma(t)$ 可以是任意的,因为任何加载历程 $\sigma(t)$ 都可以看成是由无限个矩形脉冲之和组成的,如图 2-14 所示。

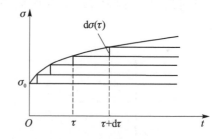

图 2-14　积分形式响应

有时为了考虑起始载荷 σ_0 造成的应变响应,积分可以表示为如下形式:

$$\varepsilon(t) = \sigma_0 J(t) + \int_0^t J(t-\tau) \frac{\sigma(\tau)}{\partial \tau} \mathrm{d}\tau \qquad (2-13)$$

式中,等号右边第 1 项表示起始载荷 σ_0 所造成的 t 时刻的应变响应,等号右边第 2 项表示随后整个时间内 $\sigma(t)$ 变化所引起的 t 时刻的应变。

通过分部积分,可以将式(2-13)转化为另一种形式:

$$\varepsilon(t) = \sigma_0 J(t) + [J(t-\tau)\sigma(\tau)]_0^t - \int_0^t \sigma(\tau) \frac{\mathrm{d}J(t-\tau)}{\mathrm{d}\tau} \mathrm{d}\tau$$

$$(2-14)$$

应该注意到,上述各方程中的 0 都表示 0^+,因此,式(2-14)中的 $\sigma_0 J(t)$ 项可以消掉;而 $\mathrm{d}J(t-\tau)/\mathrm{d}\tau = -\mathrm{d}J(t-\tau)/\mathrm{d}(t-\tau)$,所以可以得到遗传积

分的另一种表示形式,即

$$\varepsilon(t) = \sigma(t)J(0) + \int_0^t \sigma(\tau) \frac{J(t-\tau)}{\partial(t-\tau)} d\tau \qquad (2-15)$$

和式(2-13)不同,式(2-15)表示了如果全部 $\sigma(t)$ 集中在 t 时刻加载,或早些时候加载所造成的 t 时刻的应变响应。很明显,$\sigma(t)J(0)$ 项表示瞬时弹性响应。

式(2-12)中,对于所有 $t<0$ 的情况,$J(t)=0$,因此,积分上限推广至 $\tau=t$ 以后,甚至令 $\tau=\infty$,积分值都不会有任何变化。因此 $\tau>t$ 以后,$J(t-\tau)=0$。另外,对于所有 $\tau<0$ 的情况,$\sigma(\tau)=0$,即积分亦不存在,所以将积分下限推广至 $\tau=-\infty$ 亦无影响,这样一来就得到以下形式的积分:

$$\varepsilon(t) = \int_{\tau=-\infty}^{\tau=\infty} J(t-\tau) \frac{d\sigma(\tau)}{d\tau} d\tau \qquad (2-16)$$

这种形式的积分即为斯蒂尔杰斯积分(Stieltjes integrals)。

以上对于线性粘弹性材料,根据 $\varepsilon(t)=\sigma J(t)$,利用波兹曼叠加原理导出了蠕变响应的几种遗传积分表示式。同样道理,也可以从松弛模数 $E(t)$ 的概念出发,即 $\sigma(t)=\varepsilon E(t)$,导出 $\sigma(t)$ 与 $\varepsilon(t)$ 关系的积分表示式,即

$$\sigma(t) = \int_0^t E(t-\tau) \frac{d\varepsilon(\tau)}{d\tau} d\tau \qquad (2-17)$$

或

$$\sigma(t) = \varepsilon_0 E(t) + \int_0^t E(t-\tau) \frac{d\varepsilon(\tau)}{d\tau} d\tau$$

$$= \varepsilon(t)E(0) + \int_0^t \varepsilon(\tau) \frac{dE(t-\tau)}{d\tau} d\tau$$

$$= \int_{\tau=-\infty}^{\tau=\infty} E(t-\tau) d\varepsilon(\tau) \qquad (2-18)$$

以上即为粘弹性材料应力-应变关系的积分表示式。实际上,如果已知应力(或应变)作用的历史,求应变(或应力)响应,只需应用上面两组方程中任何一个方程即可求解,只不过是数学推演问题而已。

2.3.2 微分算子表示式

把线性应力应变关系以微分方程的形式表示,即

$$P[\sigma(t)] = Q[\varepsilon(t)] \qquad (2-19)$$

式中,P,Q 为对时间 t 的线性微分算子,可表示为

$$\begin{cases} P = P(D) = \sum_{r=0}^{n} p_r \dfrac{\mathrm{d}^r}{\mathrm{d}t^r} \\[2mm] Q = Q(D) = \sum_{r=0}^{n} q_r \dfrac{\mathrm{d}^r}{\mathrm{d}t^r} \end{cases} \qquad (2-20)$$

即材料本构关系为

$$p_0\sigma + p_1\dot{\sigma} + p_2\ddot{\sigma} + \cdots = q_0\varepsilon + q_1\dot{\varepsilon} + q_2\ddot{\varepsilon} + \cdots \qquad (2-21)$$

式中,p_r 和 q_r 为所研究物质的常数。该微分形式也可以从积分导出。对式(2-12)进行拉氏变换,有

$$\varepsilon(S) = SJ(S)\sigma(S)$$

把 $SJ(S)$ 写成两个 S 的多项式之比,有

$$SJ(S) = \frac{P(S)}{Q(S)}$$

其中

$$P(S) = p_0 + p_1 S + p_2 S^2 + \cdots + p_n S^n$$

$$Q(S) = q_0 + q_1 S + q_2 S^2 + \cdots + q_n S^n$$

则方程 $\varepsilon(S) = SJ(S)\sigma(S)$ 可以表示为

$$P(S)\sigma(S) = Q(S)\varepsilon(S)$$

因为 $L[f^n(t)] = S^n J(S)$,所以上式取反变换即有

$$\left(p_0 + p_1 \frac{\mathrm{d}}{\mathrm{d}t} + p_2 \frac{\mathrm{d}^2}{\mathrm{d}t^2} + \cdots + p_n \frac{\mathrm{d}^n}{\mathrm{d}t^n}\right)\sigma(t) =$$

$$\left(q_0 + q_1 \frac{\mathrm{d}}{\mathrm{d}t} + q_2 \frac{\mathrm{d}^2}{\mathrm{d}t^2} + \cdots + q_n \frac{\mathrm{d}^n}{\mathrm{d}t^n}\right)\varepsilon(t)$$

即

$$P[\sigma(t)] = Q[\varepsilon(t)]$$

对于广义麦克斯韦模型,有

$$\frac{Q}{P} = E_e + \sum_{i=1}^{n} \frac{E_i \dfrac{\mathrm{d}}{\mathrm{d}t}}{\dfrac{\mathrm{d}}{\mathrm{d}t} + \dfrac{1}{\tau_i}}$$

对于广义沃伊特模型,有

$$\frac{P}{Q} = J_g + \sum_{i=1}^{n} J_i \frac{1}{\tau_i \left(\dfrac{\mathrm{d}}{\mathrm{d}t} + \dfrac{1}{\tau_i} \right)}$$

实际上时间 t 的变化范围可能很大,甚至会有几个数量级。为了确切地表达粘弹性特性,就要求用高阶微分算子,因此涉及解高阶微分方程,比较复杂。分析材料的简化模型时用微分算子表达还算比较方便,数学上也容易求解。与 2.3.1 节中的积分方程比较,因为积分方程的核函数可以直接根据实验得出,所以可以更确切地表达实际的物质特性。

2.3.3　粘弹性动态性能——复模数

以上讨论的积分或微分算子表示法,都要用到材料的蠕变柔量 $J(t)$ 或松弛模量 $E(t)$,要想测得这两个函数,理论上必须要知道瞬时加载(应力或应变),然后测量应变或应力和时间的关系。实际上,由于应力或应变在短时间内变化太快,故获得精确的加载及测量都是不可能的。为了测量短时间内的粘弹物性,通常采用一种正弦波形的应力(或应变)加载,即所谓的动态测量,通过转换得到阶跃应力或应变关系。因此,在交变应力(或应变)下的动态实验更便于揭示粘弹性体中粘性和弹性部分的响应情况。

根据微分算子表达式,若采用广义麦克斯韦模型模拟粘弹性材料的力学性质时,对其应力应变关系式(2-8)进行拉氏变换得

$$\sigma(s) = \left[E_e + \sum_{i=1}^{n} E_i \frac{s}{s + \dfrac{1}{\tau_i}} \right] \varepsilon(s) \tag{2-22}$$

当对粘弹体施加正弦应变 $\varepsilon(t) = \varepsilon_0 \sin \omega t$ 时,应变的拉氏变换式为

$$\varepsilon(s) = \frac{\varepsilon_0 \omega}{s^2 + \omega^2}$$

将上式代入式(2-22),得

$$\sigma(s) = \varepsilon_0 \left[\frac{E_e \omega}{s^2 + \omega^2} + \sum_{i=1}^{n} E_i \omega \frac{s}{\left(s + \frac{1}{\tau_i}\right)(s^2 + \omega^2)} \right]$$

对上式进行逆拉氏变换及积分变换,得

$$\sigma(t) = \varepsilon_0 E_e \sin \omega t + \sum_{i=1}^{n} \varepsilon_0 E_i \frac{\omega \tau_i}{1 + \omega^2 \tau_i^2} \cos \omega t +$$

$$\sum_{i=1}^{n} \varepsilon_0 E_i \frac{\omega^2 \tau_i^2}{1 + \omega^2 \tau_i^2} \sin \omega t - \sum_{i=1}^{n} \varepsilon_0 E_i \frac{\omega \tau_i}{1 + \omega^2 \tau_i^2} e^{-\frac{t}{\tau_i}} \quad (2-23)$$

式(2-23)等号右边最后一项随着时间增长而迅速衰减,当达到稳定状态时,衰减为零。因此,在稳定状态下,有

$$\sigma(t) = \varepsilon_0 \left[\left(E_e + \sum_{i=1}^{n} E_i \frac{\omega^2 \tau_i^2}{1 + \omega^2 \tau_i^2} \right) \sin \omega t + \sum_{i=1}^{n} E_i \frac{\omega \tau_i}{1 + \omega^2 \tau_i^2} \cos \omega t \right]$$

$$(2-24)$$

令

$$E_1(\omega) = E_e + \sum_{i=1}^{n} E_i \frac{\omega^2 \tau_i^2}{1 + \omega^2 \tau_i^2}$$

$$E_2(\omega) = \sum_{i=1}^{n} E_i \frac{\omega \tau_i}{1 + \omega^2 \tau_i^2}$$

$$\tan \delta = \frac{E_2(\omega)}{E_1(\omega)}$$

$$E^*(\omega) = E_1(\omega) + i E_2(\omega)$$

$$|E^*(\omega)| = \sqrt{E_1(\omega)^2 + E_2(\omega)^2}$$

其中,$E_1(\omega)$ 称为贮存模量;$E_2(\omega)$ 称为损耗模量;$\tan \delta$ 称为损耗正切;δ 称为损耗角;$E^*(\omega)$ 称为复模量。

式(2-24)可写为

$$\sigma(t) = \sigma_0 \sin(\omega t + \delta)$$

其中
$$\sigma_0 = \varepsilon_0 |E^*(\omega)| \qquad (2-25)$$

复模数与积分算子表示式之间的关系可推导如下:

取 $$\sigma^* = \sigma' e^{i\omega t}, \quad \varepsilon^* = \varepsilon' e^{i\omega t}$$

式中，σ'，ε' 均为复数，则复模数

$$E^*(\omega) = \frac{\sigma^*}{\varepsilon^*} = \frac{\sigma'}{\varepsilon'}$$

式（2-17）改写为

$$\sigma(t) = E(\infty) \int_{-\infty}^{t} \frac{d\varepsilon(\tau)}{d\tau} d\tau + \int_{-\infty}^{t} \left[E(t-\tau) - E(\infty) \right] \frac{d\varepsilon(\tau)}{d\tau} d\tau$$

式中，$E(\infty)$ 表示 $t \to \infty$ 时的 $E(t)$ 值，称为橡皮模数或延迟弹性模数。粘流中 $E(\infty) \to 0$；一般粘弹性固体 $E(\infty)$ 亦为定值。

把 σ 及 ε 的复数形式代入上式，即

$$\sigma' e^{i\omega t} = E(\infty) \varepsilon' e^{i\omega t} + i\omega \varepsilon' \int_{-\infty}^{t} \left[E(t-\tau) - E(\infty) \right] e^{i\omega \tau} d\tau$$

$$= E(\infty) \varepsilon' e^{i\omega t} + i\omega \varepsilon' \int_{-\infty}^{t} \left[E(t-\tau) - E(\infty) \right] e^{-i\omega(t-\tau)} d\tau$$

则 $$E^*(t) = \frac{\sigma'}{\varepsilon'} = E(\infty) + i\omega \int_{0}^{\infty} \left[E(t) - E(\infty) \right] e^{-i\omega t} dt$$

所以有

$$E_1(\omega) = E(\infty) + \omega \int_{0}^{\infty} \left[E(t) - E(\infty) \right] \sin \omega t \, dt$$

$$E_2(\omega) = E(\infty) + \omega \int_{0}^{\infty} \left[E(t) - E(\infty) \right] \cos \omega t \, dt$$

2.4　推进剂的松弛模量 $E(t)$、蠕变柔量 $J(t)$ 以及复模量 $E^*(\omega)$

采用积分算子表达式时，需要知道松弛模量 $E(t)$ 的数据；采用微分算子表达式时，需要知道 E_e，E_1，E_2，$\cdots$，E_n 和 τ_1，τ_2，$\cdots$，τ_n 等常数值；而采用复数表达式时，则需要知道 $E^*(\omega)$ 等数据。这些数据都是通过推进剂试件的静态和动态实验而测出的。

2.4.1　静态粘弹特性 $E(t)$ 和 $J(t)$

推进剂的松弛模量 $E(t)$ 通常用应力松弛实验来测定。应力松弛试验

可以在一般的拉伸试验机上做，将推进剂试件夹持在试验机夹头上，试验机十字以定速将试件拉伸到预定长度后停止。观察并记录拉伸力随时间的衰减情况，如图 2-15 所示。由于推进剂的力学性质随温度而变，并要做各种

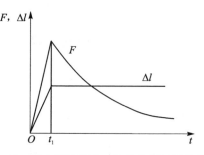

图 2-15　应力松弛试验中拉伸力随时间的变化

温度下的应力松弛试验，故试验机上要有温度控制装置。

应变为
$$\varepsilon_0 = \frac{\Delta l}{l_0}$$

应力为
$$\sigma(t) = F(t)/A$$

式中，l_0 为试件标长；Δl 为拉伸长度；A 为试件横截面积；$F(t)$ 为拉伸力。

假设拉伸时体积不变，有

$$\sigma(t) = \frac{F(t)(1+\varepsilon_0)}{A_0}$$

$$E(t) = \frac{F(t)(1+\varepsilon_0)}{A_0\varepsilon_0} \qquad\qquad (2-26)$$

试验时，通常取 $\varepsilon_0 = 0.01 \sim 0.10$。

推进剂的蠕变柔量 $J(t)$ 可用蠕变试验测定。但通常用应力松弛试验代替，并取

$$J(t) \approx 1/E(t)$$

测量出的松弛模量 $E(t)$ 和蠕变柔量 $J(t)$ 可以用表格函数表达，也可以用下面两种形式的函数来表达：

① 级数表示法。

为了反映推进剂的应力松弛效应，通常采用广义麦克斯韦模型来模拟推进剂的力学性质。应力松弛模量用式（2-9）表示，即

$$E(t) = E_e + \sum_{i=1}^{n} E_i \exp\left(-\frac{t}{\tau}\right)$$

当 $t=0$ 时
$$E(0) = E_e + \sum_{i=1}^{n} E_i$$

称为推进剂的玻璃模量或瞬时模量。

当 $t=\infty$ 时 $\qquad E(\infty)=E_e$

称为推进剂的橡胶模量或平衡模量。

为了反映推进剂的蠕变效应,常用广义沃伊特模型来模拟推进剂的力学性质。蠕变柔量用式(2-11)表示,即

$$J(t)=J_g+\sum_{i=1}^n J_i\left[1-\exp\left(-\frac{t}{\tau_i}\right)\right]$$

当 $t=0$ 时 $\qquad J(0)=J_g$

称为推进剂的玻璃柔量或瞬时柔量。

当 $t=\infty$ 时 $\qquad J(\infty)=J_g+\sum_{i=1}^n J_i$

称为推进剂的橡胶柔量或平衡柔量。

② 修正的幂函数表示法。

级数表示法包含有许多项,时间越长,项数越多,公式越冗长。为避免级数表示法的不足,可采用修正的幂函数表示法,即

$$E(t)=E_e+\frac{E_g-E_e}{\left[1+\left(\frac{t}{\tau_0}\right)\right]^n}\approx E_e+ct^{-n}$$

$$J(t)=J_e+\frac{J_g-J_e}{\left[1+\left(\frac{t}{\tau_0}\right)\right]^n}\approx J_e+ct^{-n}$$

根据应力松弛试验记录的拉伸力 $F(t)$,由式(2-26)的 $E(t)$ 可得到 $E_e,E_1,E_2,\cdots,E_n$ 和 $\tau_1,\tau_2,\cdots,\tau_n$ 等常数值。同时,也可以确定幂函数表示法中的 E_e、c 和 n 值。

2.4.2　动态特性 $E^*(\omega)$、$E_1(\omega)$ 以及 $E_2(\omega)$

利用动态粘弹谱仪可以测出推进剂的动态特性。试验时,位移驱动电机带动试件做正弦振动 $\varepsilon(t)=\varepsilon_0\sin\omega t$,试件另一端固定有受力传感器,在受力传感器上测得的应力 $\sigma(t)=\varepsilon_0\sin(\omega t+\delta)$,由式

$$|E^*(\omega)|=\frac{\sigma_0}{\varepsilon_0}$$

进而可求得 $|E^*(\omega)|$ 的值。式中,ε_0 是由位移传感器测出的;σ_0 是由受力传感器测出的。

位移传感器的应变正弦波与受力传感器的应力正弦波之间的相位差即为损耗角 δ。粘弹谱仪可以测出损耗正切 $\tan\delta$ 的值,进而可以求得贮存模量 $E_1(\omega)$ 和损耗模量 $E_2(\omega)$。

还可以利用尼诺米亚(Ninomiya)和费里(Ferry)提出的经验公式,把动态特性转化为静态特性,即

$$E(t)=E_1(\omega)-0.40E_2(0.40\omega)+0.014E_2(10\omega)\Big|_{\omega=1/t}$$

2.5　推进剂力学特性的温度效应

推进剂的力学性能不仅与时间有关,还与温度有密切的依赖关系。不同的温度下,推进剂的力学特性各异。大量试验研究发现,大多数聚合物的力学特性都存在温度-时间等效关系,如图 2-16 所示,温度高、时间短与温度低、时间长有等效的结果,即不同温度、时间组合 T_1、t_1,T_2、t_2···所对应的应力或应变相同。若将不同温度下的 $E(t)$ 曲线按对数坐标作图,图中各曲线移动一定距离都可以重合,如图 2-17 所示。

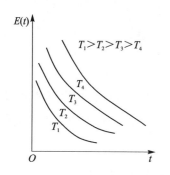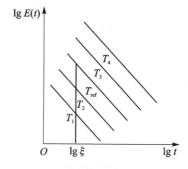

图 2-16　不同温度下推进剂的力学特性　　图 2-17　各温度下 $\lg E(t)$-$\lg t$ 曲线

移动各温度下的曲线 ,使它们分别与基准温度 T_{ref} 下的曲线相重合,得到的曲线称为主曲线,如图 2-18 所示。基准温度 T_{ref} 可以任意选取,通常取常温作为基准温度。

由图 2-17 可知,在温度 T 下,曲线移动距离为

$$\lg t - \lg \xi = \lg\left(\frac{t}{\xi}\right) = \lg a_T$$

式中，$a_T = t/\xi$，称为温度-时间转换因子。

温度 T 下的时间 t，在基准温度 T_{ref} 下的等效时间为

$$\xi = \frac{t}{a_T}$$

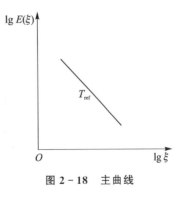

图 2 - 18　主曲线

各温度下的温度-时间转换因子可以由试验测得。将各个温度下测得的 $E(t)$ 值画成对数曲线，然后求各个温度下曲线距基准温度下曲线的距离，即得到 $\lg a_T$。

温度-时间转换因子也可以利用 Williams、Landel 和 Ferry 提出的经验公式——W.L.F 方程来计算，几乎所有非晶态聚合物的转换因子与温度的依赖关系大致相同，满足经验公式

$$\lg a_T = -\frac{C_1(T - T_{ref})}{C_2 + T - T_{ref}}$$

其中，C_1、C_2 是由试验测定的材料常数。

第3章　药柱结构完整性分析的基本方法

分析固体药柱结构可以通过不同的手段。工程上采用弹性分析的手段，而后利用等效模量来考虑粘弹性性质。随着有限元和粘弹性力学的发展，粘弹性有限元的结构分析也逐渐发展起来。计算能力的提高及非线性粘弹性理论的发展促使了药柱结构分析的非线性粘弹性计算的展开。而随着随机有限元与药柱结构分析的结合，药柱结构的分析进入了不确定性阶段。下面分别进行介绍。

3.1　固体火箭发动机药柱线性粘弹性有限元分析

在药柱结构分析中，线性粘弹性分析是最基本的分析手段，药柱又具有近似不可压缩的特点，因此本节结合药柱的近似不可压缩的性质，对药柱线性粘弹性有限元的结构分析进行详细介绍。

3.1.1　基本方程

1. 适用于不可压缩粘弹性材料的三维本构关系

固体推进剂是一种高分子聚合物材料，对其作如下假设：

① 各向同性；

② 简单热流变形；

③ 线性粘弹性。

固体推进剂的泊松比接近于 0.5，近似于不可压缩，采用一般的有限元法分析，会出现很大的误差，计算结果很不理想。Herrmann 等人修改经典的弹性方程，首先提出适用于不可压缩和近似不可压缩弹性问题的方法,他们引入平均应力函数 H 作为附加的未知量,使 σ_{kk} 和 ε_{kk} 通过变量 H 相联系,从而使得泊松比等于 0.5 也不会出现奇异。根据 Herrmann 变分原理,有如下弹性问题的本构关系:

$$\sigma_{kk} = 2G(1+\nu)H \tag{3-1}$$

$$\varepsilon_{kk} = (1-2\nu)H + 3\alpha_T\Delta T \tag{3-2}$$

其中,$H = 3\sigma/E = 3\sigma/(2G(1+\nu)) = (e - 3\alpha_T\Delta T)/(1-2\nu)$;$3\sigma = \sigma_{kk}/3$ 为平均应力;$e = \varepsilon_{kk}$ 为相对体积变化;α_T 为热膨胀系数;ΔT 为相对温度变化。

由 Herrmann 变分原理得

$$\sigma_{ij} = 2G(\varepsilon_{ij} + \nu H\delta_{ij} - \alpha_T\Delta T\delta_{ij}) \tag{3-3}$$

$$\sigma_H = 2G\nu[\varepsilon_{kk} - (1-2\nu)H - 3\alpha_T\Delta T] \tag{3-4}$$

根据粘弹性-弹性对应原理得粘弹性遗传积分型本构关系,即

$$\sigma_{ij}(t) = \int_{-\infty}^{t} 2G(\xi - \xi')\frac{\partial}{\partial\tau}[\varepsilon_{ij}(t) + \nu H(t)\delta_{ij} - \alpha_T\Delta T\delta_{ij}]\mathrm{d}\tau \tag{3-5}$$

$$\sigma_H(t) = \int_{-\infty}^{t} 2\nu G(\xi - \xi')\frac{\partial}{\partial\tau}[\varepsilon_{kk}(t) - (1-2\nu)H(t) - 3\alpha_T\Delta T\delta_{ij}]\mathrm{d}\tau \tag{3-6}$$

根据时温等效原理,式(3-5)和式(3-6)中等效时间 ξ 和 ξ' 分别定义为

$$\xi = \xi(t) = \int_0^t \frac{\mathrm{d}\tau}{a_T T(\tau)}, \quad \xi' = \xi'(t) = \int_0^\tau \frac{\mathrm{d}\rho}{a_T T(\rho)}$$

其中,$a_T = 10^{-\frac{c_1(T-T_{ref})}{c_2(T-T_{ref})}}$ 为移动因子。c_1、c_2 是材料参数,由粘弹性试验获得;T_{ref} 为粘弹性主曲线的基准温度。

令

$$\{\sigma\} = (\sigma_x\ \sigma_y\ \sigma_z\ \tau_{yz}\ \tau_{zx}\ \tau_{xy}\ \sigma_H)^T$$

$$\{\varepsilon\} = (\varepsilon_x\ \varepsilon_y\ \varepsilon_z\ \gamma_{yz}\ \gamma_{zx}\ \gamma_{xy}\ H)^T$$

$$\{\varepsilon_T\} = \alpha_T\Delta T\{1\ 1\ 1\ 0\ 0\ 0\ 1\}^T$$

以上本构方程可以合并成如下形式:

$$\{\sigma(t)\} = \int_0^t [D] G(\xi - \xi') \frac{\partial \{\varepsilon(\tau)\}}{\partial \tau} \mathrm{d}\tau - \int_0^t [\overline{D}] G(\xi - \xi') \frac{\partial \{\varepsilon_T(\tau)\}}{\partial \tau} \mathrm{d}\tau$$

$$(3-7)$$

式中

$$[D] = \begin{bmatrix} 2 & 0 & 0 & 0 & 0 & 0 & 2\nu \\ 0 & 2 & 0 & 0 & 0 & 0 & 2\nu \\ 0 & 0 & 2 & 0 & 0 & 0 & 2\nu \\ 0 & 0 & 0 & 1 & 0 & 0 & 0 \\ 0 & 0 & 0 & 0 & 1 & 0 & 0 \\ 0 & 0 & 0 & 0 & 0 & 1 & 0 \\ 2\nu & 2\nu & 2\nu & 0 & 0 & 0 & -2\nu(1-2\nu) \end{bmatrix}$$

$$[\overline{D}] = \begin{bmatrix} 2 & 0 & 0 & 0 & 0 & 0 & 0 \\ 0 & 2 & 0 & 0 & 0 & 0 & 0 \\ 0 & 0 & 2 & 0 & 0 & 0 & 0 \\ 0 & 0 & 0 & 0 & 0 & 0 & 0 \\ 0 & 0 & 0 & 0 & 0 & 0 & 0 \\ 0 & 0 & 0 & 0 & 0 & 0 & 0 \\ 0 & 0 & 0 & 0 & 0 & 0 & 6\nu \end{bmatrix}$$

　　王元有等曾根据上述弹性本构关系导出了粘弹性有限元列式,但由于其是一种全量型的关系,故公式比较复杂,计算过程中所需的存储空间较多,并且在求解时需要不断地对总体刚度矩阵进行修正。而采用增量进行药柱的结构分析则有许多好处,在求解过程中只形成一次刚度矩阵,效率较高。这种方法考虑了不可压缩或近似不可压缩材料的特点,利用增量来处理遗传积分,形成了递推增量有限元方程,所需的存储空间较少,精度较高。因此采用该方法对药柱进行结构分析能得到比较理想的结果。

2. 增量形式的本构关系

　　由式(3-7)提到粘弹性本构关系(推导过程暂不考虑时温等效)为

$$\{\sigma(t)\} = \int_0^t [D] G(t - \tau) \frac{\partial \{\varepsilon(\tau)\}}{\partial \tau} \mathrm{d}\tau - \int_0^t [\overline{D}] G(t - \tau) \frac{\partial \{\varepsilon_T(\tau)\}}{\partial \tau} \mathrm{d}\tau$$

剪切模量用 Prony 级数表示，即

$$G(t) = G_e + \sum_{l=1}^{N} G_l e^{-\frac{t}{\tau_l}}$$

将时间 $[0, t]$ 划分为 $K+1$ 个区间，即 $t_0, t_1, \cdots, t_k$，则

$$\{\sigma(t_K)\} = [D] \sum_{j}^{K} G(t_K - t_j)\{\Delta\varepsilon(t_j)\} - [\overline{D}] \sum_{j}^{K} G(t_K - t_j)\{\Delta\varepsilon_T(t_j)\}$$

其中

$$\{\Delta\varepsilon(t_j)\} = \varepsilon(t_j) - \varepsilon(t_{j-1})$$

$$\{\Delta\varepsilon_T(t_j)\} = \varepsilon_T(t_j) - \varepsilon_T(t_{j-1})$$

在 t_{K+1} 时刻，有

$$\{\sigma(t_{K+1})\} = [D] \sum_{j}^{K+1} G(t_{K+1} - t_j)\{\Delta\varepsilon(t_j)\} - [\overline{D}] \sum_{j}^{K+1} G(t_{K+1} - t_j)\{\Delta\varepsilon_T(t_j)\}$$

则

$$\{\sigma(t_{K+1})\} - \{\sigma(t_K)\} = [D]\left(G_e + \sum_{l=1}^{N} G_l\right)\{\Delta\varepsilon(t_{K+1})\} +$$

$$[D] \sum_{j=0}^{K}\left[\sum_{l=1}^{N} G_l e^{-\frac{t_K - t_j}{\tau_l}}\left(e^{-\frac{\Delta t_{K+1}}{\tau_l}} - 1\right)\right]\{\Delta\varepsilon(t_j)\} -$$

$$[\overline{D}]\left(G_e + \sum_{l=1}^{N} G_l\right)\{\Delta\varepsilon_T(t_{K+1})\} -$$

$$[\overline{D}] \sum_{j=0}^{K}\left[\sum_{l=1}^{N} G_l e^{-\frac{t_K - t_j}{\tau_l}}\left(e^{-\frac{\Delta t_{K+1}}{\tau_l}} - 1\right)\right]\{\Delta\varepsilon_T(t_j)\}$$

其中，$\Delta t_{K+1} = t_{K+1} - t_K$。设

$$\{\Delta\sigma_e(t_{K+1})\} = [D]\left(G_e + \sum_{l=1}^{N} G_l\right)\{\Delta\varepsilon(t_{K+1})\}$$

$$\{\Delta\sigma_r(t_{K+1})\} = [D] \sum_{j=0}^{K}\left[\sum_{l=1}^{N} G_l e^{-\frac{t_K - t_j}{\tau_l}}\left(e^{-\frac{\Delta t_{K+1}}{\tau_l}} - 1\right)\right]\{\Delta\varepsilon(t_j)\}$$

$$\{\Delta\sigma_{Te}(t_{K+1})\} = [\overline{D}]\left(G_e + \sum_{l=1}^{N} G_l\right)\{\Delta\varepsilon_T(t_{K+1})\}$$

$$\{\Delta\sigma_{Tr}(t_{K+1})\} = [\overline{D}] \sum_{j=0}^{K}\left[\sum_{l=1}^{N} G_l e^{-\frac{t_K - t_j}{\tau_l}}\left(e^{-\frac{\Delta t_{K+1}}{\tau_l}} - 1\right)\right]\{\Delta\varepsilon_T(t_j)\}$$

在 t_{K+1} 时刻,有

$$\{\sigma(t_{K+1})\} = \{\sigma(t_K)\} + \{\Delta\sigma_e(t_{K+1})\} + \{\Delta\sigma_r(t_{K+1})\} -$$
$$\{\Delta\sigma_{Te}(t_{K+1})\} - \{\Delta\sigma_{Tr}(t_{K+1})\}$$
$$\{\varepsilon(t_{K+1})\} = \{\varepsilon(t_K)\} + \{\Delta\varepsilon(t_{K+1})\}$$

3. 有限元方程

采用三维 20 节点曲边六面体等参单元,位移函数可取为

$$u = \sum_{i=1}^{20} N_i u_i$$

$$v = \sum_{i=1}^{20} N_i v_i$$

$$w = \sum_{i=1}^{20} N_i w_i$$

式中,形函数的表达式为

$$N_i = (1+\xi_0)(1+\eta_0)(1+\zeta_0)(\xi_0+\eta_0+\zeta_0-2)\xi_i^2\eta_i^2\zeta_i^2/8 +$$
$$(1-\xi^2)(1+\eta_0)(1+\zeta_0)(1-\xi_i^2)\eta_i^2\zeta_i^2/4 +$$
$$(1-\eta^2)(1+\xi_0)(1+\zeta_0)(1-\eta_i^2)\xi_i^2\zeta_i^2/4 +$$
$$(1-\zeta^2)(1+\xi_0)(1+\eta_0)(1-\zeta_i^2)\eta_i^2\xi_i^2/4$$

式中 $$\xi_0 = \xi_i\xi, \quad \eta_0 = \eta_i\eta, \quad \zeta_0 = \zeta_i\zeta$$

其中,ξ_i,η_i,ζ_i 是节点在局部坐标系中的坐标。

坐标变换式为

$$x = \sum_{i=1}^{20} N_i x_i, \quad y = \sum_{i=1}^{20} N_i y_i, \quad z = \sum_{i=1}^{20} N_i z_i$$

形函数 N_i 是局部坐标的函数,根据复合函数求导的规则,可以找到整体坐标与局部坐标的转换式,即

$$\begin{bmatrix} \dfrac{\partial N_i}{\partial \xi} \\[2mm] \dfrac{\partial N_i}{\partial \eta} \\[2mm] \dfrac{\partial N_i}{\partial \zeta} \end{bmatrix} = J \begin{bmatrix} \dfrac{\partial N_i}{\partial x} \\[2mm] \dfrac{\partial N_i}{\partial y} \\[2mm] \dfrac{\partial N_i}{\partial z} \end{bmatrix}$$

式中，J 为雅克比矩阵，其表达式为

$$J = \begin{bmatrix} \dfrac{\partial x}{\partial \xi} & \dfrac{\partial y}{\partial \xi} & \dfrac{\partial y}{\partial \xi} \\[2mm] \dfrac{\partial x}{\partial \eta} & \dfrac{\partial y}{\partial \eta} & \dfrac{\partial y}{\partial \eta} \\[2mm] \dfrac{\partial x}{\partial \zeta} & \dfrac{\partial y}{\partial \zeta} & \dfrac{\partial y}{\partial \zeta} \end{bmatrix} = \sum_{i=1}^{20} \begin{bmatrix} \dfrac{\partial N_i}{\partial \xi} x_i & \dfrac{\partial N_i}{\partial \xi} y_i & \dfrac{\partial N_i}{\partial \xi} z_i \\[2mm] \dfrac{\partial N_i}{\partial \eta} x_i & \dfrac{\partial N_i}{\partial \eta} y_i & \dfrac{\partial N_i}{\partial \eta} z_i \\[2mm] \dfrac{\partial N_i}{\partial \zeta} x_i & \dfrac{\partial N_i}{\partial \zeta} y_i & \dfrac{\partial N_i}{\partial \zeta} z_i \end{bmatrix}$$

采用有限元法进行结构应力分析时，单元内任意一点的位移和应变表示为

$$\{u\} = [N] \{u_i\}$$
$$\{\varepsilon\} = [B] \{u_i\}$$

这里

$$[N] = \begin{bmatrix} N_1 & 0 & 0 & N_2 & 0 & 0 & \cdots & N_m & 0 & 0 & 0 \\ 0 & N_1 & 0 & 0 & N_2 & 0 & \cdots & 0 & N_m & 0 & 0 \\ 0 & 0 & N_1 & 0 & 0 & N_2 & \cdots & 0 & 0 & N_m & 0 \\ 0 & 0 & 0 & 0 & 0 & 0 & \cdots & 0 & 0 & 0 & 1 \end{bmatrix}$$

$$[B] = \begin{bmatrix} \dfrac{\partial N_1}{\partial x} & 0 & 0 & \dfrac{\partial N_2}{\partial x} & 0 & 0 & \cdots & \dfrac{\partial N_m}{\partial x} & 0 & 0 & 0 \\[2mm] 0 & \dfrac{\partial N_1}{\partial y} & 0 & 0 & \dfrac{\partial N_2}{\partial y} & 0 & \cdots & 0 & \dfrac{\partial N_m}{\partial y} & 0 & 0 \\[2mm] 0 & 0 & \dfrac{\partial N_1}{\partial z} & 0 & 0 & \dfrac{\partial N_2}{\partial z} & \cdots & 0 & 0 & \dfrac{\partial N_m}{\partial z} & 0 \\[2mm] \dfrac{\partial N_1}{\partial y} & \dfrac{\partial N_1}{\partial x} & 0 & \dfrac{\partial N_2}{\partial y} & \dfrac{\partial N_2}{\partial x} & 0 & \cdots & \dfrac{\partial N_m}{\partial y} & \dfrac{\partial N_m}{\partial x} & 0 & 0 \\[2mm] 0 & \dfrac{\partial N_1}{\partial z} & \dfrac{\partial N_1}{\partial y} & 0 & \dfrac{\partial N_2}{\partial z} & \dfrac{\partial N_2}{\partial y} & \cdots & 0 & \dfrac{\partial N_m}{\partial z} & \dfrac{\partial N_m}{\partial y} & 0 \\[2mm] \dfrac{\partial N_1}{\partial z} & 0 & \dfrac{\partial N_1}{\partial x} & \dfrac{\partial N_2}{\partial z} & 0 & \dfrac{\partial N_2}{\partial x} & \cdots & \dfrac{\partial N_m}{\partial z} & 0 & \dfrac{\partial N_m}{\partial x} & 0 \\[2mm] 0 & 0 & 0 & 0 & 0 & 0 & \cdots & 0 & 0 & 0 & 1 \end{bmatrix}$$

其中，广义位移列阵 $\{u_i\}$ 和单元位移列阵 $\{u\}$ 分别为

$$\{u_i\} = \{u_1, v_1, w_1, \cdots, u_m, v_m, w_m, H\}^\mathrm{T}$$
$$\{u\} = \{u, v, w, H\}^\mathrm{T}$$

则 t_{K+1} 时刻的位移和应变增量为

$$\{\Delta u\}_{K+1} = [N]\{\Delta u_i\}_{K+1}$$

$$\{\Delta \varepsilon\}_{K+1} = [B]\{\Delta u_i\}_{K+1}$$

其中，$\{\Delta u_i\}_{K+1} = \{u_i\}_{K+1} - \{u_i\}_K$ 是节点位移增量。

4. 增量型的平衡方程

利用 Herrmann 变分原理得 t_K 和 t_{K+1} 时刻的虚功方程，即

$$\int_V \{\delta \varepsilon\}^T \cdot \{\sigma\}_K \mathrm{d}V = \int_V \{\delta u\}^T \cdot \{f\}_K \mathrm{d}V + \int_A \{\delta u\}^T \cdot \{p\}_K \mathrm{d}A$$

$$\int_V \{\delta \varepsilon\}^T \cdot \{\sigma\}_{K+1} \mathrm{d}V = \int_V \{\delta u\}^T \cdot \{f\}_{K+1} \mathrm{d}V + \int_A \{\delta u\}^T \cdot \{p\}_{K+1} \mathrm{d}A$$

将上两式相减，有

$$\int_V \{\delta \varepsilon\}^T \cdot \{\Delta \sigma\}_{K+1} \mathrm{d}V = \int_V \{\delta u\}^T \cdot \{\Delta f\}_{K+1} \mathrm{d}V + \int_A \{\delta u\}^T \cdot \{\Delta p\}_{K+1} \mathrm{d}A$$

代入增量关系，有

$$\{\Delta \sigma\}_{K+1} = \{\sigma\}_{K+1} - \{\sigma\}_K$$

$$= \{\Delta \sigma_e\}_{K+1} + \{\Delta \sigma_r\}_{K+1} - \{\Delta \sigma_{Te}\}_{K+1} - \{\Delta \sigma_{Tr}\}_{K+1}$$

整理后得到表征结构总体平衡的迭代方程组为

$$[K]\{\Delta u_i\}_{K+1} = \{\Delta Q\}_{K+1}$$

其中

$$[K] = \left(G_e + \sum_{l=1}^{N} G_l\right) \cdot \int_V [B]^T [D] [B] \mathrm{d}V$$

$$\{\Delta Q\} = \int_V [N]^T \{\Delta f\}_{K+1} \mathrm{d}V + \int_V [N]^T \{\Delta p\}_{K+1} \mathrm{d}V - \int_V [B]^T \{\Delta \sigma\}_{K+1} \mathrm{d}V$$

由于增加了内变量 H，在有限元实施过程中可以在每个单元中增设一个单自由度节点，这样有利于在总体刚度矩阵中确定位置。本方法只需要形成一次总体刚度矩阵，计算效率较高。

5. 斜约束的处理

刚度方程形成后，需要引入已知的位移边界条件，才能求得问题的解。位移边界条件是边界上位移值已知的节点，这些节点又称为约束节点。一

个约束代表一个已知位移,并且两者方向相同。所谓斜约束指的是某个约束与整个坐标系中各个坐标轴方向都不一致。一般已知的都是局部坐标系中的节点位移值,而刚度方程中的位移则是整体坐标系中的。所以,必须对刚度矩阵中的有关位移做坐标变换,才可将局部坐标系中的节点位移直接代入刚度方程进行求解。

对于三维问题,从整体坐标系变换到局部坐标系需要旋转两个角度 θ_1 和 θ_2,变换矩阵为

$$T = \begin{bmatrix} \cos\theta_1\cos\theta_2 & \sin\theta_1\cos\theta_2 & \sin\theta_2 \\ -\sin\theta_1 & \cos\theta_1 & 0 \\ -\cos\theta_1\sin\theta_2 & -\sin\theta_1\sin\theta_2 & \cos\theta_2 \end{bmatrix}$$

节点 p 为斜约束节点,变换后的单元刚度方程为

$$\begin{bmatrix} K_{1,1} & K_{1,2} & \cdots & K_{1,p}T & \cdots & K_{1,20} & K_{1,21} \\ K_{2,1} & K_{2,2} & \cdots & K_{2,p}T & \cdots & K_{2,20} & K_{2,21} \\ \vdots & \vdots & \ddots & \vdots & \ddots & \vdots & \vdots \\ [T]^{\mathrm{T}}K_{p,1} & [T]^{\mathrm{T}}K_{p,2} & \cdots & [T]^{\mathrm{T}}K_{pp}T & \cdots & [T]^{\mathrm{T}}K_{p,20} & [T]^{\mathrm{T}}K_{p,21} \\ \vdots & \vdots & \vdots & \vdots & \vdots & \vdots & \vdots \\ K_{20,1} & K_{20,2} & \cdots & K_{20,p}T & \cdots & K_{20,20} & K_{20,21} \\ K_{21,1} & K_{21,2} & \cdots & K_{21,p}T & \cdots & K_{21,20} & K_{21,21} \end{bmatrix} \begin{Bmatrix} \delta_1 \\ \delta_2 \\ \vdots \\ \delta'_p \\ \vdots \\ \delta_{20} \\ H \end{Bmatrix} =$$

$$\begin{Bmatrix} P_1 \\ P_2 \\ \vdots \\ [T]^{\mathrm{T}}P_p \\ \vdots \\ P_{20} \\ P_H \end{Bmatrix}$$

6. 节点应力修匀

应用最小二乘法对节点应力进行修匀,八个角点上的修匀应力如下:

$$\left\{\begin{matrix} \bar{\sigma}_1 \\ \bar{\sigma}_2 \\ \bar{\sigma}_3 \\ \bar{\sigma}_4 \\ \bar{\sigma}_5 \\ \bar{\sigma}_6 \\ \bar{\sigma}_7 \\ \bar{\sigma}_8 \end{matrix}\right\} = \begin{bmatrix} a & b & c & b & b & c & d & c \\ b & a & b & c & c & b & c & d \\ c & b & a & b & d & c & b & c \\ b & c & b & a & c & d & c & b \\ b & c & d & c & a & b & c & b \\ c & b & c & d & b & a & b & c \\ d & c & b & c & c & b & a & b \\ c & d & c & b & b & c & b & a \end{bmatrix} \left\{\begin{matrix} \sigma_1 \\ \sigma_2 \\ \sigma_3 \\ \sigma_4 \\ \sigma_5 \\ \sigma_6 \\ \sigma_7 \\ \sigma_8 \end{matrix}\right\}$$

式中

$$a = \frac{1}{4}(5 + 3\sqrt{3}), \quad b = -\frac{1}{4}(1 + \sqrt{3})$$

$$c = \frac{1}{4}(\sqrt{3} - 1), \quad d = \frac{1}{4}(5 - 3\sqrt{3})$$

$\bar{\sigma}_1, \bar{\sigma}_2, \bar{\sigma}_3, \bar{\sigma}_4, \bar{\sigma}_5, \bar{\sigma}_6, \bar{\sigma}_7, \bar{\sigma}_8$ 是光滑了的角节点值;$\sigma_1, \sigma_2, \sigma_3, \sigma_4, \sigma_5, \sigma_6, \sigma_7, \sigma_8$ 是高斯点的应力和应变值。

3.1.2 压力载荷条件下药柱结构响应

对三维药柱在受内压力载荷下的结构响应进行计算。壳体弹性模量为 2.068×10^5 MPa,泊松比为 0.3;推进剂为丁羟复合药;药柱的泊松比为 0.495。

用 Prony 级数表达的拉伸松弛模量主曲线如下,松弛模量级数如表 3-1 所列。

$$E(t) = E_e + \sum_{i=1}^{4} E_i \mathrm{e}^{-t/\tau_i}, \quad E_e = 1.799$$

表 3-1 松弛模量级数

i	1	2	3	4
E_i/MPa	1.431	2.053	3.040	3.886
τ_i/s	2.4	24	240	2 400

剪切松弛模量与拉伸松弛模量的关系为

$$G(t) = \frac{E(t)}{2(1+\mu)}$$

时间-温度转换因子为

$$\lg a_T = -\frac{22.509(T-20.0)}{353.716 + T - 20.0} \qquad (T \text{ 单位为 ℃})$$

1. 单元划分

结构为有弹性壳体的发动机星型药柱，星角数为 6，药柱长为 190 mm，外径为 63.5 mm，内径为 16.5 mm，壳厚为 1.5 mm，利用对称性只考虑其中的 1/12。网格划分如图 3-1 所示，采用六面体 20 节点等参单元，所划分单元总数为 546 个，节点总数为 2 870。

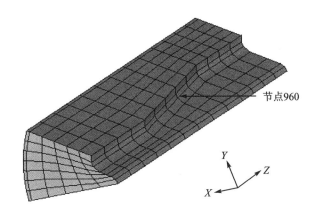

图 3-1　网格结构图

2. 压力载荷

发动机内压力按如下规律变化：

$$P = 6.323\,8 \times (1 - e^{-20\,t}) \qquad (\text{单位为 MPa})$$

3. 计算结果及分析

图 3-2 和图 3-3 所示分别是时间 $t = 0.003$ s 时药柱内部八面体剪应变及剪应力图；图 3-4 和图 3-5 所示分别是时间 $t = 0.15$ s 时药柱内部八面体剪应变及剪应力图；图 3-6 和图 3-7 所示分别是节点 960 处八面体剪应变及剪应力变化图。

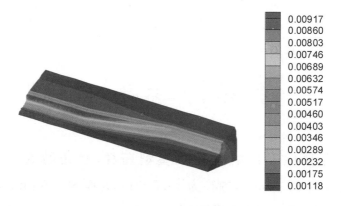

图 3 - 2　0.003 s 八面体剪应变

单位：MPa

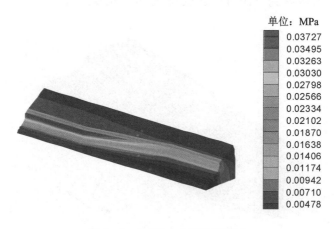

图 3 - 3　0.003 s 八面体剪应力

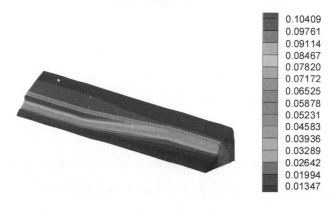

图 3 - 4　0.15 s 八面体剪应变

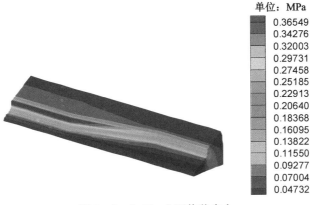

单位：MPa
0.36549
0.34276
0.32003
0.29731
0.27458
0.25185
0.22913
0.20640
0.18368
0.16095
0.13822
0.11550
0.09277
0.07004
0.04732

图 3 - 5　0.15 s 八面体剪应力

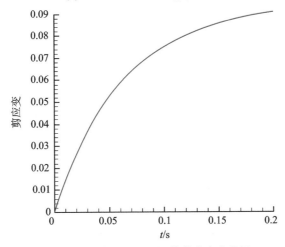

图 3 - 6　节点 960 处八面体剪应变变化图

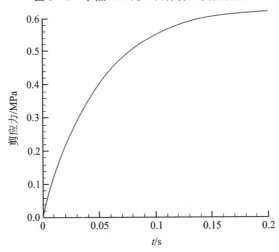

图 3 - 7　节点 960 处八面体剪应力变化图

从图中可以看出,星槽拐角附近具有很大的应力应变梯度,而在星尖和肉腹处应力应变变化比较缓慢,这说明星槽拐角附近应力应变集中;从横向截面看,应变最大值在星槽拐角处,最大应力应变沿星槽处 Z 轴正方向最近处,因此,在药柱结构设计时,星槽处及 Z 轴正方向最近处是需要重点考虑的地方。

工程上常把药柱作为弹性材料进行结构分析,作为比较,这里采用工程的计算方法对药柱进行弹性分析,并与粘弹性计算结果进行对比。

其中,药柱的弹性模量为 12.209 MPa(等于药柱为粘弹性材料时拉伸松弛模量 $E(0)$),泊松比为 0.495,其余参数同粘弹性计算。

图 3-8 和图 3-9 所示分别是时间 $t=0.15$ s 时药柱内部八面体剪应变及剪应力图;图 3-10 和图 3-11 所示分别是在节点 960 处采用弹性和粘弹性分析得到的八面体剪应变及剪应力的变化对比图。

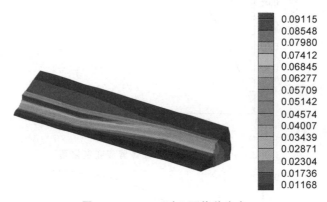

图 3-8　0.15 s 时八面体剪应变

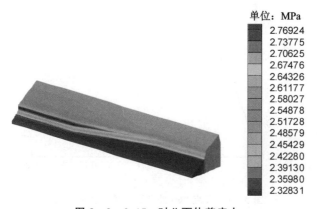

图 3-9　0.15 s 时八面体剪应力

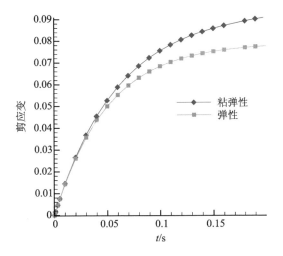

图 3-10　节点 960 处八面体剪应变变化图

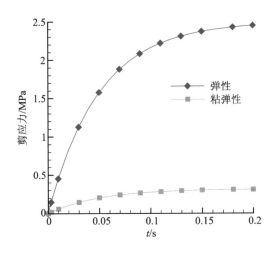

图 3-11　节点 960 处八面体剪应力变化图

　　从图 3-8、图 3-9 以及弹性、粘弹性计算结果对比可以看出,应变分布与粘弹性分析一致,而应力的分布相反。从图 3-10 和图 3-11 可以看出,在点火起始阶段,弹性和粘弹性应变计算结果比较接近,随着时间的增加,弹性和粘弹性分析的结果差别逐渐增大,尤其是应力计算结果,弹性结果要远远大于粘弹性计算结果。这是由于当把药柱考虑为弹性材料,相当于材料的硬度增加,而粘弹性材料的性质跟时间有关系,初始时候,粘弹性材料模量和弹性材料模量差别不大,随着时间的增加,材料蠕变性质的影响逐渐显现,导致粘弹性材料模量发生变化。故在结构分析中,考虑药柱的粘弹性是必要的。

3.2 固体火箭发动机药柱非线性粘弹性分析

3.1节介绍了固体火箭发动机药柱线性粘弹性结构分析,由于固体火箭发动机药柱是粘弹性物质,又具有近似不可压缩特性,故固体推进剂材料的模量很低,特别是在大载荷作用下变形比较大,采用线性有限元法不能获得推进剂药柱应力、应变的准确解。因此必须分析其几何非线性的影响。

本节详细介绍了固体火箭发动机药柱非线性分析方法,综合考虑了固体火箭发动机药柱的不可压缩性及几何非线性的特点,推导了粘弹性几何非线性有限元的增量列式;编制了有限元程序并对算例进行了分析,并与文献中的结果进行了比较,表明了该方法是可信的;同时,对推进剂药柱在受内压、固化降温和轴向加速度等载荷条件下的应力应变和位移响应进行了分析,为推进剂药柱的结构完整性分析提供了参考。

3.2.1 基本方程

1. 物体变形状态的描述——物质描述和空间描述

在小变形固体力学中,因为变形很小,所以忽略了物体受力后在空间位置的改变,但在有限变形中,由于变形很大,故必须考虑这种变化。下面介绍描述这种变化的两种方法:物质描述法和空间描述法。

在选定一个固定的空间坐标系以后,运动物体上每一质点的空间位置可用一组坐标表示。设在初始时刻,$t_0=0$,质点的坐标是 $X_i(i=1,2,3)$,同时用 X_i 作为这个质点的标记。质点随时间运动,在任意时刻 t 的位置用 x_i 表示,则质点的运动可用如下方程表示:

$$x_i=x_i(X_j,t),\quad i=1,2,3 \qquad (3-8)$$

如果已知物体内所有质点的运动方程,就知道了整个物体的运动和变形情况。对于一个指定的时刻 t,关于组成物体的所有质点的这样一个完全的刻画,称为物体在时刻 t 的构形。于是,物体运动和变形的过程也就是构形随时间连续变化的过程。在度量物体的运动和变形时需要选取一个特定的构形作为基准,它称为参考构形。在式(3-8)中,取 $t=t_0=0$ 时刻的坐标 X_i 作为质点的标记,就是取初始构形为参考构形。当然还可以取其他时刻的构形为参考构形。这种借助于运动中的具体物质质点(它以基准状态的位置坐标为标记)来考察运动和变形的方法叫作物质描述或拉格朗日(Lagrange)描述,X_i 称为物质坐标。

在物质描述法中,将质点在每一瞬时的坐标 x_i 看作是时间 t 和物质坐标 X_i 的函数。这种描述方法不总是方便的,例如在描述河水和轧制过程钢材的变形时,没有必要知道水和钢材中每一个质点的整个运动的历史,只需要描述出各个时刻位于指定空间各点处的那些质点的运动(如果需要的话,还要描述相应质点的密度和压力),而不管这些质点来自何处。也就是说,我们感兴趣的是瞬时速度场(以及压力场和密度场等)和它们随时间的演化。在这里,空间坐标 x_i 和时间 t 是作为彼此独立的变量来处理的。这种描述方法叫空间描述或欧拉描述方法。

空间描述方法通常用于流体力学中,它描述的是运动的瞬时状态,作为基本变量的速度场和压力场是空间坐标的函数。而在固体力学中,通常采用物质描述方法,跟踪物质质点的运动,以质点位移作为基本的变量。固体火箭发动机药柱的大变形结构分析采用的就是物质描述的方法,以质点的位移为基本变量进行研究。

2. 应变和应力的定义

(1) 格林应变和阿耳曼西应变

考察初始构形的一个物质三角形,它的顶点是 P,P' 和 P''(见图 3-12),由于变形,它在现时构形中为由 Q,Q' 和 Q'' 构成的三角形。变形前物质线元 PP' 和 PP'' 的分量用 $\mathrm{d}X_i$ 和 δX_i 表示,变形后它们是 QQ' 和 QQ'',其分量用 $\mathrm{d}x_i$ 和 δx_i 表示。这个小的物质三角形在现时构形和初始构形之间的差别可表示为

$$\mathrm{d}x_i\delta x_i - \mathrm{d}X_i\delta X_i = \left(\frac{\partial x_k}{\partial X_i}\frac{\partial x_k}{\partial X_j} - \delta_{ij}\right)\mathrm{d}X_i\delta X_j \qquad (3-9)$$

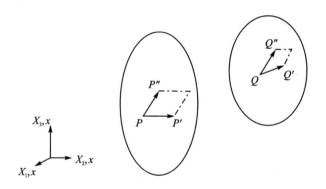

图 3 - 12　物质的初始构形和现时构形

如果质点 P 的邻域在变形过程中仅做刚体运动,也就是说这个邻域无应变地从它的初始位置变换到它的现时位置,小三角形在它的现时构形与它的初始构形中应具有同样形状。因而在(3 - 9)式中,不论怎样取 dX_i 和 δX_i,等式左端均应为零,即在没有应变时等式右端 $dX_i\delta X_j$ 前的因子为零。反之,当这个因子为零时,也表示无应变。这样,可以将这个因子取作应变的度量。于是定义格林应变张量为

$$E_{ij} = \frac{1}{2}\left(\frac{\partial x_k}{\partial X_i}\frac{\partial x_k}{\partial X_j} - \delta_{ij}\right) \qquad (3-10)$$

格林应变是以初始构形为参考构形的,若以现时构形为参考构形,这时代替式(3 - 8)的变换为

$$X_i = X_i(x_j, t)$$

此时,小物质三角形的现时构形和初始构形之间的差别为

$$dx_i\delta x_i - dX_i\delta X_i = \left(\delta_{ij} - \frac{\partial X_k}{\partial x_i}\frac{\partial X_k}{\partial x_j}\right)dx_i\delta x_j$$

可以类似地定义阿耳曼西应变为

$$e_{ij} = \frac{1}{2}\left(\delta_{ij} - \frac{\partial X_k}{\partial x_i}\frac{\partial X_k}{\partial x_j}\right) \qquad (3-11)$$

对于位移矢量 u_i,相对于初始构形和现时构形,它们的定义分别是

$$u_i = x_i(X_j, t) - X_i \qquad (3-12)$$

$$u_i = x_i - X_i(x_j, t) \qquad (3-13)$$

这时相应的变形梯度是

48

$$\frac{\partial x_i}{\partial X_j} = \frac{\partial \boldsymbol{u}_i}{\partial X_j} + \delta_{ij} \tag{3-14}$$

$$\frac{\partial X_i}{\partial x_j} = \delta_{ij} - \frac{\partial \boldsymbol{u}_i}{\partial x_j} \tag{3-15}$$

其中，$\dfrac{\partial \boldsymbol{u}_i}{\partial X_j}$（或$\dfrac{\partial \boldsymbol{u}_i}{\partial x_j}$）是相对于初始构形（或现时构形）度量的位移梯度张量。将式（3-14）和式（3-15）分别代入式（3-10）和式（3-11）得

$$
\begin{aligned}
E_{ij} &= \frac{1}{2}\left[\left(\frac{\partial \boldsymbol{u}_k}{\partial X_i}+\delta_{ki}\right)\left(\frac{\partial \boldsymbol{u}_k}{\partial X_j}+\delta_{kj}\right)-\delta_{ij}\right]\\
&= \frac{1}{2}\left(\frac{\partial \boldsymbol{u}_k}{\partial X_i}\delta_{kj}+\delta_{ki}\frac{\partial \boldsymbol{u}_k}{\partial X_j}+\frac{\partial \boldsymbol{u}_k}{\partial X_i}\frac{\partial \boldsymbol{u}_k}{\partial X_j}+\delta_{ki}\delta_{kj}-\delta_{ij}\right)\\
&= \frac{1}{2}\left(\frac{\partial \boldsymbol{u}_j}{\partial X_i}+\frac{\partial \boldsymbol{u}_i}{\partial X_j}+\frac{\partial \boldsymbol{u}_k}{\partial X_i}\frac{\partial \boldsymbol{u}_k}{\partial X_j}\right)
\end{aligned} \tag{3-16}
$$

$$e_{ij}=\frac{1}{2}\left(\frac{\partial \boldsymbol{u}_j}{\partial x_i}+\frac{\partial \boldsymbol{u}_i}{\partial x_j}+\frac{\partial \boldsymbol{u}_k}{\partial x_i}\frac{\partial \boldsymbol{u}_k}{\partial x_j}\right) \tag{3-17}$$

（2）欧拉应力、拉格朗日应力以及克希荷夫应力

欧拉应力定义为现时构形每单元面积上的接触面上的接触力，它是与变形相关的真实应力。

考虑物体在时刻 t 的现时构形内的一个有向面元 $n_i\Delta A$（见图 3-13），该面元两侧的介质通过面元相互作用力元 ΔT_i，这个力元除以面元面积就定义了该面元上的应力矢量 $\boldsymbol{t}_i^{(n)}$，即

$$\boldsymbol{t}_i^{(n)}=\lim_{\Delta A\to 0}\frac{\Delta T_i}{\Delta A}=\frac{\mathrm{d}T_i}{\mathrm{d}A} \tag{3-18}$$

由垂直于坐标轴的 3 个面上应力矢量的 9 个分量 τ_{ij} 定义的张量叫作欧拉应力张量，即

$$\boldsymbol{t}_i^{(n)}=\tau_{ij}n_j$$

欧拉应力是由现时构形的物质面 $\mathrm{d}A$ 上的力元矢量 $\mathrm{d}T_i$ 定义的。现在要用初始构形中物质面元的面积 $\mathrm{d}A_0$ 来定义一个新的应力矢量：

$$\boldsymbol{t}_i^{*(n)}=\lim_{\Delta A\to 0}\frac{\Delta T_i}{\Delta A_0}=\frac{\mathrm{d}T_i}{\mathrm{d}A_0}$$

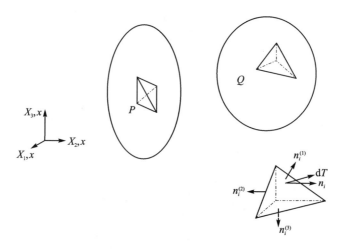

图 3 - 13　物质的初始构形和现时构形

这样,由垂直于坐标轴的 3 个面上应力矢量的 9 个分量 $\boldsymbol{\Sigma}_{ij}$ 定义的张量叫作拉格朗日应力张量。

欧拉应力和拉格朗日应力的关系为

$$\boldsymbol{\Sigma}_{mi} = J \frac{\partial X_m}{\partial x_j} \tau_{ij}$$

或
$$\tau_{ij} = J^{-1} \frac{\partial x_j}{\partial X_m} \boldsymbol{\Sigma}_{mi} \qquad\qquad (3-19)$$

显然拉格朗日应力张量 $\boldsymbol{\Sigma}_{ij}$ 一般不是对称的。为了得到一个相对于初始构形定义的而且是对称的应力向量,将式(3-19)乘以 $\frac{\partial X_l}{\partial x_i}$ 得到

$$S_{lm} = \frac{\partial X_l}{\partial x_i} \boldsymbol{\Sigma}_{mi} = J \frac{\partial X_l}{\partial x_i} \frac{\partial X_m}{\partial x_j} \tau_{ij}$$

称为克希荷夫应力张量。

3. 大变形问题的 T. L 方法和 U. L 方法

在考虑与变形有关的大变形问题时,粘弹性和弹塑性的有限变形问题都属于这一类问题。由于这些问题与变形的历史相关,故通常用增量方法。基于增量方法的大变形问题的解法,通常有完全拉格朗日法(T. L 法)和修正拉格朗日法(U. L 法)。用拉格朗日方法求解时必须选定一个

已知状态为参考构形,以定义克希荷夫应力和格林应变。T.L 法以初始刻的构形作为参考构形,在所有的时间步长内的计算都参照初始刻的构型来定义。U.L 法以每一增量步长的开始时刻的构形为参考构形来定义,这样,通过求解不同时间步长的增量,不断地修正参考构形。对于两种方法,各有不同的争论。对于粘弹性大变形问题,Shen 和 Hasebe 等基于增量叠加方法,采用克希荷夫应力增量和格林应变增量表示的虚功方程与应力–应变积分本构关系,分析了 T.L 法和 U.L 法的优缺点,认为 T.L 法公式简单,迭代过程中不需要坐标变换,计算效率较高。基于此,本文采用 T.L 法进行大变形的计算。

4.　有限元方程

(1) 基于不可压缩粘弹性材料的本构关系及增量形式

设 $\{S\}$、$\{E\}P$ 和 $\{\varepsilon_T\}$ 分别为相对于物体初始构形定义的克希荷夫应力、格林应变和温度应变,即

$$\{\boldsymbol{S}\} = \langle S_{11} \ S_{22} \ S_{33} \ S_{12} \ S_{23} \ S_{13} \ S_H \rangle^{\mathrm{T}}$$

$$\{\boldsymbol{E}\} = \langle E_{11} \ E_{22} \ E_{33} \ E_{12} \ E_{23} \ E_{13} \ H \rangle^{\mathrm{T}}$$

$$\{\varepsilon_T\} = \alpha_T \Delta T \{1 \ 1 \ 1 \ 0 \ 0 \ 0 \ 1\}^{\mathrm{T}}$$

由第 3 章中的本构关系得

$$\{S\} = \int_0^t [D] G(t-\tau) \frac{\partial \{E(\tau)\}}{\partial \tau} \mathrm{d}\tau - \int_0^t [\overline{D}] G(t-\tau) \frac{\partial \{\varepsilon_T(\tau)\}}{\partial \tau} \mathrm{d}\tau$$

则增量关系可以表示为

$$\{S(t_{K+1})\} = \{S(t_K)\} + \{\Delta S_e(t_{K+1})\} + \{\Delta S_r(t_{K+1})\} -$$
$$\{\Delta S_{Te}(t_{K+1})\} - \{\Delta S_{Tr}(t_{K+1})\}$$
$$\{E(t_{K+1})\} = \{E(t_K)\} + \{E(t_{K+1})\}$$

(2) 基于 T.L 法的增量型平衡方程

采用物质描述法,定义质点的初始位置矢量 $\boldsymbol{X}$,变形后的位置矢量 $\boldsymbol{x}$,位移矢量 $\boldsymbol{u}$ 以及广义节点位移矢量 $\boldsymbol{a}$,m 是单元的节点个数,即

$$\boldsymbol{X} = [X_1, X_2, X_3]^{\mathrm{T}}, \quad \boldsymbol{x} = [x_1, x_2, x_3]^{\mathrm{T}}$$

$$\boldsymbol{u} = [u_1, u_2, u_3]^{\mathrm{T}}, \quad \boldsymbol{a} = [u_1^1, u_2^1, u_3^1, \cdots, u_1^m, u_2^m, u_3^m, H]^{\mathrm{T}}$$

令时刻 t_K 和 t_{K+1} 的位移为 u 和 $\bar{u}$,应变为 E 和 $\bar{E}$,应力为 S 和 $\bar{S}$,则 t_K 时刻的格林应变为

$$E_{ij} = \frac{1}{2}\left(\frac{\partial u_j}{\partial X_i} + \frac{\partial u_i}{\partial X_j} + \frac{\partial u_k}{\partial X_i}\frac{\partial u_k}{\partial X_j}\right)$$

则

$$\{\Delta E\} = \{\bar{E}\} - \{E\} = \begin{bmatrix} \bar{B} & 0 \\ 0 & 1 \end{bmatrix} \cdot \{\Delta a\} = [\bar{B}_M] \cdot \{\Delta a\}$$

$$\delta\{\Delta E\} = \begin{bmatrix} B & 0 \\ 0 & 1 \end{bmatrix} \cdot \delta\{\Delta a\} = [B_M] \cdot \delta\{\Delta a\}$$

其中

$$\bar{B} = B_{L_0} + B_{L_1} + \bar{B}_N = B_{L_0} + AG + \frac{1}{2}\Delta AG$$

$$B = B_{L_0} + B_{L_1} + B_N = B_{L_0} + AG + \Delta AG$$

$$B_{L_0} = \begin{bmatrix} \dfrac{\partial N_1}{\partial X_1} & 0 & 0 & \cdots & \dfrac{\partial N_m}{\partial X_1} & 0 & 0 \\[2mm] 0 & \dfrac{\partial N_1}{\partial X_2} & 0 & \cdots & 0 & \dfrac{\partial N_m}{\partial X_2} & 0 \\[2mm] 0 & 0 & \dfrac{\partial N_1}{\partial X_3} & \cdots & 0 & 0 & \dfrac{\partial N_m}{\partial X_3} \\[2mm] 0 & \dfrac{\partial N_1}{\partial X_3} & \dfrac{\partial N_1}{\partial X_2} & \cdots & 0 & \dfrac{\partial N_m}{\partial X_3} & \dfrac{\partial N_m}{\partial X_2} \\[2mm] \dfrac{\partial N_1}{\partial X_3} & 0 & \dfrac{\partial N_1}{\partial X_1} & \cdots & \dfrac{\partial N_m}{\partial X_3} & 0 & \dfrac{\partial N_m}{\partial X_1} \\[2mm] \dfrac{\partial N_1}{\partial X_2} & \dfrac{\partial N_1}{\partial X_1} & 0 & \cdots & \dfrac{\partial N_m}{\partial X_2} & \dfrac{\partial N_m}{\partial X_1} & 0 \end{bmatrix}$$

$$A = \begin{bmatrix} \dfrac{\partial u_1}{\partial X_1} & \dfrac{\partial u_2}{\partial X_1} & \dfrac{\partial u_3}{\partial X_1} & 0 & 0 & 0 & 0 & 0 & 0 \\[2mm] 0 & 0 & 0 & \dfrac{\partial u_1}{\partial X_2} & \dfrac{\partial u_2}{\partial X_2} & \dfrac{\partial u_3}{\partial X_2} & 0 & 0 & 0 \\[2mm] 0 & 0 & 0 & 0 & 0 & 0 & \dfrac{\partial u_1}{\partial X_3} & \dfrac{\partial u_2}{\partial X_3} & \dfrac{\partial u_3}{\partial X_3} \\[2mm] 0 & 0 & 0 & \dfrac{\partial u_1}{\partial X_3} & \dfrac{\partial u_2}{\partial X_3} & \dfrac{\partial u_3}{\partial X_3} & \dfrac{\partial u_1}{\partial X_2} & \dfrac{\partial u_2}{\partial X_2} & \dfrac{\partial u_3}{\partial X_2} \\[2mm] \dfrac{\partial u_1}{\partial X_3} & \dfrac{\partial u_2}{\partial X_3} & \dfrac{\partial u_3}{\partial X_3} & 0 & 0 & 0 & \dfrac{\partial u_1}{\partial X_1} & \dfrac{\partial u_2}{\partial X_1} & \dfrac{\partial u_3}{\partial X_1} \\[2mm] \dfrac{\partial u_1}{\partial X_2} & \dfrac{\partial u_2}{\partial X_2} & \dfrac{\partial u_3}{\partial X_2} & \dfrac{\partial u_1}{\partial X_1} & \dfrac{\partial u_2}{\partial X_1} & \dfrac{\partial u_3}{\partial X_1} & 0 & 0 & 0 \end{bmatrix}$$

$$G = \begin{bmatrix} \dfrac{\partial N_1}{\partial X_1} & 0 & 0 & \cdots & \dfrac{\partial N_m}{\partial X_1} & 0 & 0 \\[2mm] 0 & \dfrac{\partial N_1}{\partial X_1} & 0 & \cdots & 0 & \dfrac{\partial N_m}{\partial X_1} & 0 \\[2mm] 0 & 0 & \dfrac{\partial N_1}{\partial X_1} & \cdots & 0 & 0 & \dfrac{\partial N_m}{\partial X_1} \\[2mm] \dfrac{\partial N_1}{\partial X_2} & 0 & 0 & \cdots & \dfrac{\partial N_m}{\partial X_2} & 0 & 0 \\[2mm] 0 & \dfrac{\partial N_1}{\partial X_2} & 0 & \cdots & 0 & \dfrac{\partial N_m}{\partial X_2} & 0 \\[2mm] 0 & 0 & \dfrac{\partial N_1}{\partial X_2} & \cdots & 0 & 0 & \dfrac{\partial N_m}{\partial X_2} \\[2mm] \dfrac{\partial N_1}{\partial X_3} & 0 & 0 & \cdots & \dfrac{\partial N_m}{\partial X_3} & 0 & 0 \\[2mm] 0 & \dfrac{\partial N_1}{\partial X_3} & 0 & \cdots & 0 & \dfrac{\partial N_m}{\partial X_3} & 0 \\[2mm] 0 & 0 & \dfrac{\partial N_1}{\partial X_3} & \cdots & 0 & 0 & \dfrac{\partial N_m}{\partial X_3} \end{bmatrix}$$

由 t_{K+1} 时刻的虚功方程可得平衡方程为

$$\int_V \boldsymbol{B}_M^{\mathrm{T}} \cdot \bar{\boldsymbol{S}} \, \mathrm{d}V = \int_V \boldsymbol{N}^{\mathrm{T}} \cdot \bar{\boldsymbol{p}} \, \mathrm{d}V + \int_A \boldsymbol{N}^{\mathrm{T}} \cdot \bar{\boldsymbol{q}} \, \mathrm{d}A = \bar{\boldsymbol{R}}$$

其中,$\bar{\boldsymbol{p}}$ 和 $\bar{\boldsymbol{q}}$ 分别代表 t_{K+1} 时刻的体力和面力载荷矢量。

又由 $\bar{\boldsymbol{S}} = \boldsymbol{S} + \Delta \boldsymbol{S}$,得到增量形式的平衡方程为

$$\int_V \boldsymbol{B}_M^{\mathrm{T}} \cdot \Delta \boldsymbol{S} \, \mathrm{d}V + \int_V \boldsymbol{B}_M^{\mathrm{T}} \cdot \boldsymbol{S} \, \mathrm{d}V - \bar{\boldsymbol{R}} = 0$$

令 $\boldsymbol{B} \approx \boldsymbol{B}_{L_0} + \boldsymbol{B}_{L_1}$,并把 $\Delta \boldsymbol{S}$ 用位移增量 $\langle \Delta \boldsymbol{a} \rangle$ 和形函数 $\boldsymbol{N}$ 表示,可得线性化的方程为

$$\left([\boldsymbol{K}_L] + [\boldsymbol{K}_\sigma] \right) \cdot \Delta \boldsymbol{a} = \bar{\boldsymbol{R}} - \boldsymbol{R}_s - \boldsymbol{R}_{s_r} + \boldsymbol{R}_{s_{Tr}} + \boldsymbol{R}_{s_{Te}}$$

其中

$$[\boldsymbol{K}_L] = \left(G_e + \sum_{l=1}^N G_l \right) \int_V \begin{bmatrix} \boldsymbol{B}_{L_0}^{\mathrm{T}} + \boldsymbol{B}_{L_1}^{\mathrm{T}} & 0 \\ 0 & 1 \end{bmatrix} \cdot [\boldsymbol{D}] \cdot \begin{bmatrix} \boldsymbol{B}_{L_0} + \boldsymbol{B}_{L_1} & 0 \\ 0 & 1 \end{bmatrix} \mathrm{d}V$$

$$[\boldsymbol{K}_\sigma] = \begin{bmatrix} \int_V \boldsymbol{G}^{\mathrm{T}} \boldsymbol{M} \boldsymbol{G} \, \mathrm{d}V & 0 \\ 0 & 0 \end{bmatrix}, \qquad \boldsymbol{R}_s = \int_V \begin{bmatrix} \boldsymbol{B}_{L_0}^{\mathrm{T}} + \boldsymbol{B}_{L_1}^{\mathrm{T}} & 0 \\ 0 & 1 \end{bmatrix} \cdot \boldsymbol{S} \, \mathrm{d}V$$

$$\boldsymbol{R}_{sr} = \int_V \begin{bmatrix} \boldsymbol{B}_{L_0}^{\mathrm{T}} + \boldsymbol{B}_{L_1}^{\mathrm{T}} & 0 \\ 0 & 1 \end{bmatrix} \cdot \Delta \boldsymbol{S}_r \, \mathrm{d}V, \qquad \boldsymbol{R}_{s_{Te}} = \int_V \begin{bmatrix} \boldsymbol{B}_{L_0}^{\mathrm{T}} + \boldsymbol{B}_{L_1}^{\mathrm{T}} & 0 \\ 0 & 1 \end{bmatrix} \cdot \Delta \boldsymbol{S}_{Te} \, \mathrm{d}V$$

$$\boldsymbol{R}_{s_{Tr}} = \int_V \begin{bmatrix} \boldsymbol{B}_{L_0}^{\mathrm{T}} + \boldsymbol{B}_{L_1}^{\mathrm{T}} & 0 \\ 0 & 1 \end{bmatrix} \cdot \Delta \boldsymbol{S}_{Tr} \, \mathrm{d}V$$

3.2.2　非线性方程组的求解

对有限元方程在每一个时间增量步内求解,相当于求解非线性方程组。在增量步方程组求解中,通常采用平衡迭代的方法来消除由线性化所引起的误差,常用的方法有牛顿法、修正牛顿法以及拟牛顿法,每次迭代的计算量,牛顿法最大,拟牛顿法次之,修正牛顿法最小。但总的计算效率除了与每次迭代的计算量有关外,还与收敛速度有关,不同的算法可能适用于不同的问题,需要通过数值试验才能决定何种算法最适合要求解的那一类问题。本文采用牛顿法在每个时间增量步内进行平衡迭代,尽管每一步的收敛速度比较慢,但其收敛性比较好,总体效率比较高。

3.2.3　应用1——二维管状药柱结构分析

为了验证算法的可信度,编制了平面应变问题的有限元程序,该程序能够对二维药柱应力、应变进行结构分析。

采用承受内压作用的带钢壳的粘弹性厚壁圆筒进行验证。内压为突然施加,均匀分布,利用对称性,取1/4的区域进行计算。结构如图3-14所示。

计算中采用的原始数据如表3-2所列。

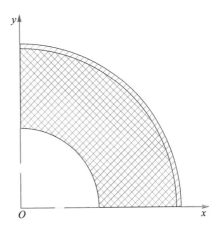

图 3-14　药柱结构示意图

表 3-2　计算采用的原始数据

变　量	取　值	变　量	取　值
内压力载荷 P/MPa	1	药柱松弛模量 $E(t)$/MPa	$718e^{-0.888\,89t}$
厚壁圆筒内半径/mm	50.8	药柱泊松比	0.4
厚壁内筒外半径/mm	101.6	壳体弹性模量 E_C/MPa	2.14×10^5
钢壳厚度/mm	3	壳体泊松比	0.3

在程序的设计中,采用八节点抛物线等参元,2×2 个高斯点,计算中共分10次加载。计算结果如表3-3和表3-4所列。为了比较同时列出了文献[50]的解,文献[50]采用的也是 T.L 法,与本书所不同的是文献[50]的本构关系采用的是传统的积分型本构关系。

从结果可以看出,随着时间的增加,径向应力和环向应力都逐渐增加。径向应力随半径增加而减少,环向应力随半径增加而增加。对比文献[50]可以看出,结果比较接近,表明本算法是可信的。

由于固体火箭发动机药柱自身性能及使用过程中所受的载荷比较复杂,故综合考虑各种因素对其进行准确地结构分析十分必要。这里采用的数值方法综合了固体火箭发动机药柱的近似不可压缩性和几何非线性的特点,可用于药柱在受压力、温度等载荷条件下的应力、应变分析,也可用于所有泊松比条件下粘弹性问题的数值分析。

表 3-3 $(-\sigma_r/P)$ 的计算结果

r/r_2	0.562 5		0.687 5		0.812 5		0.937 5	
t/s	文献解	本文解	文献解	本文解	文献解	本文解	文献解	本文解
0	0.901 66	0.878 58	0.751 60	0.737 63	0.666 90	0.658 70	0.614 37	0.609 12
0.5	0.906 97	0.886 53	0.765 48	0.753 51	0.685 60	0.679 09	0.636 06	0.632 36
1.0	0.910 49	0.891 13	0.774 79	0.763 85	0.698 18	0.692 64	0.650 67	0.647 92
1.5	0.912 79	0.894 22	0.781 03	0.770 87	0.706 64	0.701 86	0.660 50	0.658 53
1.7	0.913 47	0.895 16	0.782 91	0.773 03	0.709 19	0.704 71	0.663 47	0.661 81
1.8	0.913 77	0.895 57	0.783 74	0.774 00	0.710 32	0.705 99	0.664 79	0.663 28
1.9	0.914 04	0.895 94	0.784 50	0.774 89	0.711 37	0.707 16	0.666 00	0.664 64
2.0	0.914 29	0.896 29	0.785 21	0.775 71	0.712 33	0.708 25	0.667 13	0.665 89

表 3-4 $(-\sigma_\theta/P)$ 的计算结果

r/r_2	0.562 5		0.687 5		0.812 5		0.937 5	
t/s	文献解	本文解	文献解	本文解	文献解	本文解	文献解	本文解
0	0.040 59	0.031 15	0.176 82	0.173 08	0.256 05	0.252 36	0.306 90	0.302 11
0.5	0.094 71	0.087 92	0.223 28	0.221 73	0.298 04	0.296 43	0.345 25	0.343 28
1.0	0.131 17	0.126 59	0.254 61	0.254 83	0.326 37	0.326 38	0.371 68	0.371 25
1.5	0.155 74	0.152 97	0.275 77	0.277 43	0.345 51	0.346 84	0.389 54	0.390 36
1.7	0.163 16	0.161 14	0.282 16	0.284 45	0.351 30	0.353 20	0.394 95	0.396 30
1.8	0.166 46	0.164 79	0.285 01	0.287 59	0.353 88	0.356 04	0.397 35	0.398 95
1.9	0.169 50	0.168 17	0.287 63	0.290 49	0.356 26	0.358 67	0.399 58	0.401 41
2.0	0.172 31	0.171 30	0.290 07	0.293 18	0.358 46	0.361 11	0.401 63	0.403 69

3.2.4 应用 2——二维星型药柱结构分析

药柱的结构如图 3-15 所示,药柱和壳体的几何参数如表 3-5 所示。

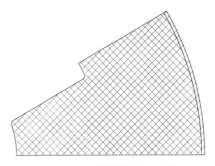

图 3 - 15 药柱结构示意图

表 3 - 5 药柱和壳体的几何参数

几何参数	取 值	几何参数	取 值
药柱外半径/mm	178	过渡圆弧半径/mm	5
药柱肉厚/mm	63	星角圆弧半径/mm	5
星角数	6	内径/mm	60
星边夹角/(°)	60	壳体厚度/mm	2
特征尺寸/mm	110		

推进剂和壳体材料性能参数如表 3 - 6 所列,壳体弹性模量为 2.0×10^5 MPa,泊松比为 0.3。

推进剂为丁羟复合药。参考温度 $T_f = -40$ ℃时,用 Prony 级数表达的拉伸松弛模量主曲线如下:

$$E(t) = E_e + \sum_{i=1}^{15} E_i \mathrm{e}^{-t/\tau_i}, \quad E_e = 18.4$$

表 3 - 6 推进剂和壳体材料性能参数

I	1	2	3	4	5
E_i/MPa	-6.01×10^3	1.70×10^3	1.45×10^3	1.98×10^3	1.28×10^3
τ_i/s	1.58×10^{-10}	1.58×10^{-9}	1.58×10^{-8}	1.58×10^{-7}	1.58×10^{-6}
I	6	7	8	9	10
E_i/MPa	5.19×10^2	2.03×10^2	8.67×10	4.78×10	3.02×10
τ_i/s	1.58×10^{-5}	1.58×10^{-4}	1.58×10^{-3}	1.58×10^{-2}	1.58×10^{-2}
I	11	12	13	14	15
E_i/MPa	1.80×10	9.81	5.26	2.96	7.10×10^{-2}
τ_i/s	1.58	1.58×10^1	1.58×10^2	1.58×10^3	1.58×10^4

1. 压力载荷条件下的结构分析

（1）单元网格

单元网格如图 3－16 所示。

（2）外载荷

发动机内压力按如下规律变化：

$P = 303.518t (\text{MPa})，\quad t \leqslant 0.04\ \text{s}$

$P = 12.140\ 72 (\text{MPa})，\quad t > 0.04\ \text{s}$

（3）计算结果及分析

在此，计算了当药柱基准温度为 $T = -40\ ℃$，在 $T = 20\ ℃$ 时推进剂

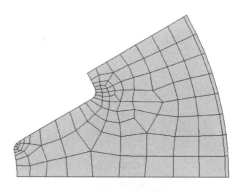

图 3－16　网格图

药柱在内压力载荷下的应力、应变和位移场。取时间步长为 20，分别计算了 $t = 0.0\ \text{s}，0.000\ 01\ \text{s}，0.000\ 03\ \text{s}，0.000\ 05\ \text{s}，0.000\ 1\ \text{s}，0.000\ 3\ \text{s}，0.000\ 5\ \text{s}，0.001\ \text{s}，0.003\ \text{s}，0.005\ \text{s}，0.01\ \text{s}，0.02\ \text{s}，0.04\ \text{s}，0.07\ \text{s}，0.1\ \text{s}，0.2\ \text{s}，0.3\ \text{s}，0.4\ \text{s}，0.5\ \text{s}，0.6\ \text{s}$ 时的应力场、应变场和位移场。

图 3－17 和图 3－18 所示分别是时间 $t = 0.02\ \text{s}，0.2\ \text{s}$ 时的应力分布图。图 3－19 所示为节点 1 和节点 45 处的应力变化图。节点 1 位于药柱与壳体界面上，节点 45 位于星角处。

单位：MPa

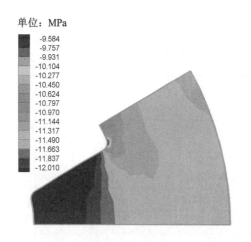

-9.584
-9.757
-9.931
-10.104
-10.277
-10.450
-10.624
-10.797
-10.970
-11.144
-11.317
-11.490
-11.663
-11.837
-12.010

图 3－17　0.02 s 时刻主应力 σ_1 分布图

单位：MPa

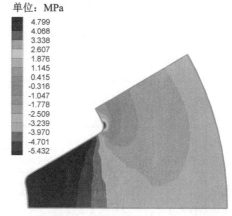

4.799
4.068
3.338
2.607
1.876
1.145
0.415
-0.316
-1.047
-1.778
-2.509
-3.239
-3.970
-4.701
-5.432

图 3－18　0.2 s 时刻主应力 σ_1 分布图

从图 3-17 和图 3-18 可以看出：

① 星槽拐角附近具有很大的应力梯度,而在星尖和肉腹内应力变化比较缓慢,这说明星槽拐角附近有应力集中。

② 最大主应力为压缩应力,在拐角处。

③ 药柱内主应力全部为压缩应力。

④ 壳体和药柱之间的界面也为压缩应力。

通常固体药柱具有很高的抗压强度,而抗拉强度远低于抗压强度,因此若装药出现裂纹,不会是压缩应力引起的。由于界面应力为压缩应力,故药柱也不会因受内压力载荷而脱粘。

图 3-19 所示为节点 1,45 应力变化图。从图中可以看出:当时间 $t=0.04$ s 时,内压力达到最大,应力出现一个转折点,此点以后,由于遗传效应,应力随时间增长而下降,但速率缓慢,直到达到最低点。

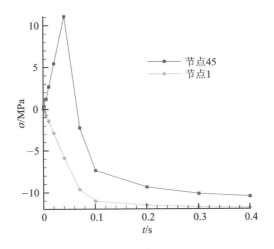

图 3-19　节点 1,45 应力变化图

固体推进剂由于模量很低,故变形比较大,特别是低温时由于推进剂的抗应变能力很低,因此很容易发生开裂。

图 3-20 和图 3-21 所示分别是时间 $t=0.02$ s,0.2 s 时刻应变的分布图。图 3-22 所示为节点 1,45 应变变化图。从图 3-20 和图 3-21 可以看出:

① 除星尖端附近外,主应变均为拉伸应变。在星角尖端附近,由于近

似三面收压,故出现压缩应变。

② 在拐角附近,主应变等高线很密,应边场变化很大,而肉腹内应变变化比较缓慢。

③ 最大主应变发生在拐角处。

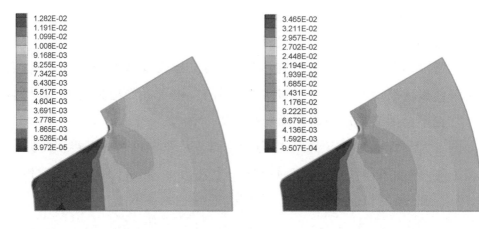

图 3 - 20　0.02 s 时刻主应变 ε_1 分布图　　　图 3 - 21　0.2 s 时刻主应变 ε_1 分布图

从图 3 - 22 可以看出,最大主应变是一直增加的;在时间 $t = 0.04$ s 后也存在一个转折点,在此点以前应变率比较大,在此点以后,应变率比较小。

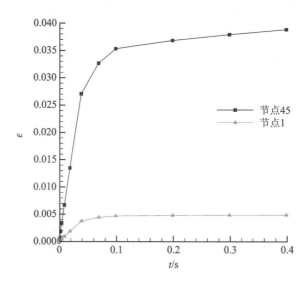

图 3 - 22　节点 1,45 应变变化图

2. 固化降温条件下的结构分析

（1）单元网格

单元网格如图 3 - 23 所示。

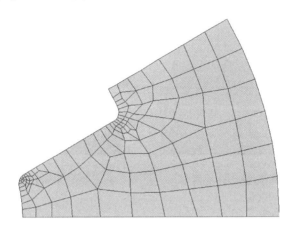

图 3 - 23　网格图

（2）外载荷

固化降温过程中药柱的温度变化曲线取为

$$T = 323 - 60[1 - \exp(-8.022\,54\mathrm{e}^{-6t})]$$

药柱的无应力温度为 323 K，热膨胀系数（1.13e－4）K^{-1}，壳体的热膨胀系数为（1e－5）K^{-1}。

（3）计算结果及分析

图 3 - 24 和图 3 - 25 所示分别是时间 $t = 400$ s，8 800 s 时应力的分布图。从图 3 - 24 和图 3 - 25 可以看出：

① 星槽拐角附近具有很大的应力梯度，而星尖和肉腹内应力变化比较缓慢，这说明星槽拐角附近有应力集中。

② 最大主应力为拉伸应力，在拐角处，药柱内主应力全部为拉伸应力。

③ 随着温度的增加，药柱内部应力逐渐增加。

图 3 - 26 和图 3 - 27 所示分别是时间 $t = 400$ s，8 800 s 时应变的分布图。从图 3 - 26 和图 3 - 27 可以看出：

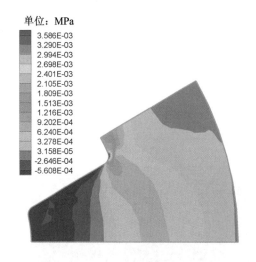

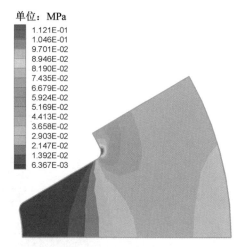

图 3 - 24　400 s 时主应力 σ_1 分布图　　　图 3 - 25　8 800 s 时主应力 σ_1 分布图

① 除星角尖端附近外,主应变均为拉伸应变。

② 在星角尖端附近,由于近似三面收压,因此出现压缩应变。

③ 在拐角附近,主应变等高线很密,应变场变化很大,而肉腹内应变变化比较缓慢。

④ 最大主应变发生在拐角处。

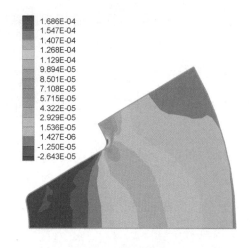

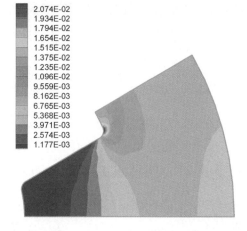

图 3 - 26　400 s 时主应变 ε_1 分布图　　　图 3 - 27　8 800 s 时主应变 ε_1 分布图

图 3 - 28 所示为 t = 200 s,4 000 s,8 000 s 时底边上节点位移沿径向

的变化规律:随着径向距离的增大,位移减少;随着时间的增加,位移增大。

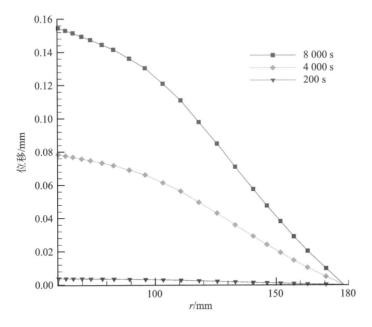

图 3-28　不同时刻位移沿径向变化图

3. 轴向加速度条件下的结构分析

(1) 单元网格

单元网格如图 3-29 所示。

(2) 外载荷

外载荷变化如下:

$$a = 100t \quad (\text{单位为 g}), \quad t \leqslant 0.1 \text{ s}$$
$$a = 10 \quad (\text{单位为 g}), \quad t > 0.1 \text{ s}$$

(3) 计算结果及分析

图 3-30 所示为 $t=0.04$ s 八面体剪应力,图 3-31 所示为 $t=0.12$ s 时八面体剪应力,图 3-32 所示为 $t=0.04$ s 时八面体剪应变,图 3-33 所示为 $t=0.12$ s 时八面体剪应变。

从图中可以看出:

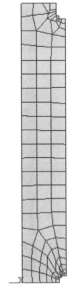

图 3-29　网格图

① 轴向过载产生的轴向力使得药柱对头部和尾端产生明显的拉扯和挤压,药柱在这两个区域变形也较大,中间则形成一个低应变带。

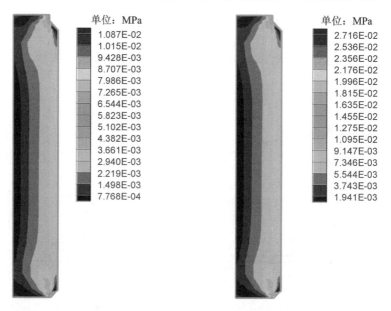

图 3-30　0.04 s 时八面体剪应力分布图　　图 3-31　0.12 s 时八面体剪应力分布

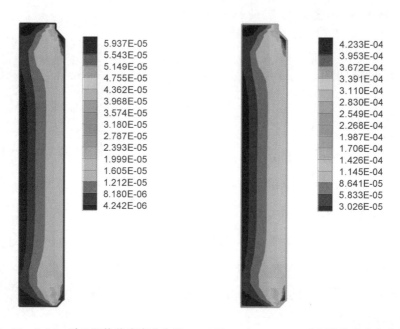

图 3-32　0.04 s 时八面体剪应变分布图　　图 3-33　0.12 s 时八面体剪应变分布

② 药柱表面危险位置发生在头部和尾部拐弯处。

③ 药柱八面体剪应力和应变的分布非常相似。

④ 应力应变在壳体和药柱交界面处的值比较大,向腹部逐渐减小。

3.3　固体火箭发动机药柱粘弹性随机有限元分析

现代固体火箭发动机一般都采用复合固体推进剂,复合固体推进剂基体是一种高聚物,具有粘弹性,其力学性能依赖于时间和温度的变化,其材料的力学性能由于制造工艺、贮存老化等因素呈现一定的分散性。固体推进剂的模量一般比较低,并且随时间、温度变化,不利于精确测量。传统的设计中一般不考虑这些因素,而随机性对产品可靠性可能造成的影响仅仅用一个由经验确定的安全系数来保证,误差是比较大的。随着计算机计算能力的提高,在工程设计中也逐渐考虑了分散性的影响。通常的随机性计算方法计算量比较大,而粘弹性力学的发展及其和随机有限元的结合,使得药柱随机分析的效率不断提高。

本节详细介绍了粘弹性随机有限元方法,基于不可压缩粘弹性增量有限元,利用摄动法考虑随机性,给出了粘弹性随机有限元方程。对药柱进行了泊松比、剪切模量及结构相关模型等随机参数的影响分析,并对各个参数的影响因素进行了比较,所得结果为药柱设计工作提供了参考。

3.3.1　随机有限元法

随机有限元法(Stochastic Finite Element Method)或称为概率有限元法(Probabilistic FEM),它是在传统有限元方法的基础之上发展起来的随机数值分析方法,它是随机分析理论与有限元方法相结合的产物。

在各类工程结构中,存在着很多不确定因素的影响,诸如结构的物理性质、几何参数等结构本身的属性和结构所承受的某些荷载(例如风荷载、飞波浪荷载以及地震荷载等)。由于人们认识的局限性和它们本身的不确定性,这些因素被描述为空间或时间的随机场函数或随机过程。由于这些随机性因素的影响是不可忽略的,故结构的行为不再是确定的,而具有了偶然性,表现为随机的场函数和时间函数。于是结构行为的分析就有了新的内容。经过结构分析之后,人们在了解对应于做随机变化的结构属性(物理性质、几何参数等)和结构荷载在每一给定值下结构行为(位移、应变和应力)的同时,还必须知道结构的行为函数的概率分布,因此问题变得复杂了。以弹性力学问题为例,当结构的弹性系数有随机扰动时,结构的位移、应变和应力的"增量"是这个扰动量的随机的、非线性函数。要确定这个函数关系是比较困难的。数学上,这个问题可以模型化为求解一类椭圆边值问题,这时的偏微分算子做随机扰动。对于确定的非线性结构问题,摄动方法是常用的、有效的分析方法,对于随机问题,摄动方法同样也起着重要的作用。

一般地,结构系统的随机分析可分为两类:一类是统计方法,就是通过样本试验收集原始的数据资料,运用概率和统计理论进行分析和整理,然后做出科学的推断。这种方法需要进行大量的样本试验和数据处理工作,且计算的工作量很大。目前,由于电子计算机的出现和大量使用,模拟法成为最常用的统计逼近法,例如,蒙特卡罗(Monte Carlo)模拟就是一类典型的统计方法。另一类方法是非统计方法,这种方法从本质上来说是利用分析的工具找出结构系统(确定的或随机的)输出的随机信号信息与输入随机信号信息之间的关系。这种方法不需要进行大量的样本试验和数据分析,而是采用随机分析与求解系统控制方程相结合的方法得到输出信号的各阶随机统计量的数字特征,如各阶原点矩(或中心矩)。这类方法的优点是在对输入的随机信号了解不是很充分的条件下,例如只知道信号的某几阶数字特征,运用解析或数值的分析工具(微分方程理论、变分理论、有限元理论、边界元理论等)就可以得到一定精确程度的解。根据以上分类,随机有限元法同样也有统计逼近和非统计逼近两种类型。目前所说的随机有限元法包括摄动随机有限元法、纽曼(Neumann)随机有限元法和蒙特卡罗(Mante Carlo)有限元法(统计有限元法),其中摄动随机有限元法用得最多。

摄动随机有限元法(P. S. FEM),顾名思义是指结合了摄动方法与有限元法的一种随机有限元法。此法在假定随机变量的小参数扰动的前提下,将有限元基本方程中的刚度矩阵按这些随机变量泰勒展开,从而得到关于这些随机变量的非线性方程。利用小参数的摄动法,将这个随机的非线性方程转化为一组线性的确定的递归方程组。求解这个递归方程组便可得到位移解的各阶摄动系数。在假定已知这些随机变量的均值和相关系数的前提下,便可得位移和应力解的均值和方差。

目前,随机有限元法已经得到了相当的发展,并且已显示出其对于处理随机问题的非凡能力和广阔应用前景。20 世纪 80 年代以来,随机有限元法已在一些工程领域中得到应用,且应用范围日益扩大。结构可靠性、安全性分析是随机有限元法的一个主要应用领域。结构的可靠性分析已摆脱了以经验为基础的定性分析阶段而步入了以统计数学为基础的定量分析阶段。在此过程中,随机有限元法担当了强度分析器的重要角色。在各种随机激励下的响应变异是随机有限元法的另一个富有应用前景的领域。已经做的工作有:将随机有限元法应用于非线性瞬时响应分析;结构振动中随机阻尼对响应的影响;结构分析的随机识别;复杂结构地震响应的随机分析和两相动力系统的随机模拟等。在工程应用方面,已将随机有限元法应用于混凝土结构的响应分析,疲劳裂缝扩展的随机有限元研究;铁路轨道的强度和稳定性的随机有限元分析等。随机有限元在粘弹性力学方面的应用还处于初步阶段。随着随机有限元法理论工作的深入、列式工作的完善,随机有限元法的应用将会越来越广泛。

3.3.2　基本理论方程

1. 随机场的离散

进行结构随机性分析,首先要涉及随机场离散。

随机场的离散是各种随机有限元法均须解决的问题,随机场的离散形式对随机有限元的计算和计算精度有着决定性的作用。Vanmarcke 最早系统地研究了随机场理论,并在随机有限元中引入了随机局部平均的概念,给出了相应的计算方法。朱位秋进一步对向量随机场的局部平均问题进行了深入研究。与此同时,人们还提出了多种方法对随机场进行离散化的处理,如随机场的中心离散法、随机场的局部平均法、随机场的插值法、随机场的局部积分法和随机场的正交展开法等方法。下面简单介绍一下这几种计算方法。

（1）随机场的中心离散

随机场中心离散法是最简单的一种离散方法。该方法用随机场在每个单元中点的值来表征该随机场在每个单元上的属性。因而,随机场在每个单元内都是常量,且等于它在各个单元中心处的值。

中心离散法简单方便,易于程序实现,但显然精度较低。

（2）随机场的插值

随机场的插值法就是将随机场在单元内的值用单元节点处值的插值函数（类似有限元法中的形函数）来表示,从而随机场的统计特性可由各单元节点处随机变量间的统计特性近似反映。

随机场引起的单元之间的相关性并不是通过随机场的插值直接计算,而是通过随机变量在各个节点上的值间接地反映,因此,只要给定随机场在各节点上的值即可,计算相对简单,缺点是必须首先知道随机场的相关函数。

（3）随机场的局部平均

该方法在单元刚度矩阵的推导过程中通过采用随机场在单元上的加权积分以考虑材料参数的随机场。实质上是在考虑参数随机分布性的情况下,将单元刚度矩阵分解成确定性部分和随机部分。由于采用积分形式,故计算精度相对较高。另外,由于该方法积分只需要进行一次,一旦得到积分结果,刚度矩阵的波动性便也得到,因此计算效率较高。

（4）随机场的正交展开

该方法利用 Karhunen – Loeve 级数将表示材料特性参数的随机场进行正交展开,并由此推导刚度矩阵的级数展式,进而可获得结构位移、应力的统计特性。

理论上讲,一旦获得随机特征值和特征函数的精确解,正交展开法是随机场处理方法中精度最高的方法。但该方法同局部平均积分法一样,平面和空间问题的单元刚度矩阵的表达式较难得到,因此距实际应用还有一段距离。

综合分析以上几种随机场的离散方法,局部平均法在随机有限元计算中十分有效,它对原始数据的要求比较低,收敛快,精度高,应用十分广泛。本章采用局部平均法对随机场进行离散。

2. 随机场的局部平均模型

在随机场理论中,最重要的一类随机场是平稳随机场。这类随机场的统计特性不随距离的变动而变化,它的有限维分布函数对任意随机场有

$$F(t_1 + \Delta t, x_1; t_2 + \Delta t, x_2; \cdots; t_n + \Delta t, x_n)$$
$$= F(t_1, x_1; t_2, x_2; \cdots; t_n, x_n)$$

成立,则称随机场是严平稳的(或强平稳的)。在许多场合,只要随机场的均值是常数,不随时间变化,而它的协方差函数 $C_x(t_1, t_2)$ 只是距离 $\tau = t_2 - t_1$ 的函数,与 t_1, t_2 本身无关,则认为该随机场是平稳的。上述两个条件未对高阶矩提出要求,因此它比前述的随机场统计特性不随距离变化的条件要弱得多。有这两个条件定义的随机场,称为宽平稳随机场(或弱平稳随机场)。这类随机场在实际中应用得更多,因而通常把宽平稳随机场简称为平稳随机场,并在此基础上建立局部平均模型。

(1) 随机场的局部平均与方差函数

考虑一个一维连续平稳随机场 $\alpha(t)$,其均值为 m,方差为 σ^2。在一个离散单元 $[t - (T/2), t + (T/2)]$ 上的局部平均定义如下:

$$\alpha_T(t) = \frac{1}{T} \int_{t-(T/2)}^{t+(T/2)} \alpha(x) \mathrm{d}x$$

其中,T 为局部平均单元的长度;$\alpha_T(t)$ 称为局部平均随机场,其均值和方差分别为

$$E(\alpha_T(t)) = m$$
$$\mathrm{Var}(\alpha_T(t)) = \sigma_T^2 = \Omega(T) * \sigma^2$$

其中,$\Omega(T)$ 是 $\alpha_T(t)$ 的方差函数,它表示在局部平均下的"点方差" σ^2 的折减。$\alpha_T(t)$ 的标准相关系数 $\rho(\xi)$ 可表示成

$$\rho(\xi) = \frac{R(\xi)}{\sigma^2}$$

69

其中 $R(\xi)$ 为随机场的相关系数。

方差函数 $\Omega(T)$ 与标准相关系数 $\rho(\xi)$ 之间的关系为

$$\Omega(T) = \frac{1}{T^2} \int_0^T \int_0^T \rho(t_1 - t_2) \mathrm{d}t_1 \mathrm{d}t_2$$

$$= \frac{1}{T^2} \int_{-T}^T (T - |\xi|) \rho(\xi) \mathrm{d}\xi$$

$$= \frac{2}{T} \int_0^T \left(1 - \frac{\xi}{T}\right) \rho(\xi) \mathrm{d}\xi$$

无量纲的方差函数具有以下性质：

$$\Omega(T) \geqslant 0$$
$$\Omega(0) = 1$$
$$\Omega(-T) = \Omega(T)$$

（2）几种随机场相关模型

① 非协调阶约型

$$\rho(\xi) = \begin{cases} 1 & |\xi| \leqslant \theta \\ 0 & |\xi| > \theta \end{cases}$$

② 协调阶约型

$$\rho(\xi) = \begin{cases} 1 & |\xi| \leqslant \theta/2 \\ 0 & |\xi| > \theta/2 \end{cases}$$

③ 三角型

$$\rho(\xi) = \begin{cases} 1 - (|\xi|/\theta) & |\xi| \leqslant \theta \\ 0 & |\xi| > \theta \end{cases}$$

④ 指数型

$$\rho(\xi) = \exp(-2|\xi|/\theta)$$

⑤ 二阶 AR 型

$$\rho(\xi) = [1 + (4|\xi|/\theta)] \cdot \exp(-4|\xi|/\theta)$$

⑥ 高斯型

$$\rho(\xi) = \exp(-\xi^2/\theta^2)$$

上面各式中，θ 为一维随机场的相关长度，其表达式为

$$\theta = \int_{-\infty}^{\infty} \rho(\xi)\mathrm{d}\xi$$

对于二维随机场,若以 ϑ 表示相关面积,则

$$\vartheta = \int_{-\infty}^{\infty}\int_{-\infty}^{\infty} \rho(\xi,\eta)\mathrm{d}\xi\mathrm{d}\eta$$

于是,只要给定原均匀随机场的均值 m,方差及相关长度 θ(或相关面积 ϑ),局部平均随机场的性质就可完全确定。正是由于随机场的局部平均对其相关结构不具有敏感性的特点,可以不必给出相关函数的具体表达式。随机场局部平均的以上性质,使得以它为基础的随机有限元法具有收敛快和对原始数据要求低的优点。

虽然标准相关系数差别很大,但是它们所对应的方差函数却差别很小。

(3) 一维局部平均随机场一阶和二阶特性

设 $Y_s(x)$ 为一维连续平稳随机场,其均值为 m,方差为 σ^2。该随机场在任意两个长度 L_i 和 L_j 的单元上的局部平均分别定义如下:

$$\overline{Y}_i = \frac{1}{L_i}\int_{x_i-(L_i/2)}^{x_i+(L_i/2)} Y_s(x)\mathrm{d}x$$

$$\overline{Y}_j = \frac{1}{L_j}\int_{x_j-(L_j/2)}^{x_j+(L_j/2)} Y_s(x)\mathrm{d}x$$

式中,x_i,x_j 分别为线段 L_i,L_j 的中点坐标。

$\overline{Y}_i$ 的均值和方差为

$$E(\overline{Y}_i) = m$$

$$\mathrm{Var}(\overline{Y}_i) = \Omega(L_i) * \sigma^2$$

而 $\overline{Y}_i$ 和 $\overline{Y}_j$ 的协方差为

$$\mathrm{cov}(\overline{Y}_i,\overline{Y}_{j'}) = \frac{\sigma^2}{2L_iL_j}\sum_{k=0}^{3}(-1)^k L_k^2 \Omega(L_k)$$

(4) 二维局部平均随机场一阶和二阶特性

设 $Y(x_1,x_2)$ 为二维连续平稳随机场,其均值为 m,方差为 σ^2。$A_i = L_{1i}L_{2i}$ 为以矩形单元形心 (x_{1i},x_{2i}) 为中心,其边平行于坐标轴 x_1 与 x_2,

且边长为 L_{1i} 与 L_{2i} 的矩形的面积,随机场在 A_i 内的局部平均定义为

$$\bar{Y}_i = \bar{Y}_{A_i}(x_{1i}, x_{2i}) = \frac{1}{A_i} \int_{x_{1i}-L_{1i}/2}^{x_{1i}+L_{1i}/2} \int_{x_{2i}-L_{2i}/2}^{x_{2i}+L_{2i}/2} Y(x_1, x_2) \mathrm{d}x_1 \mathrm{d}x_2$$

它不仅是 (x_{1i}, x_{2i}) 的随机函数,而且依赖于边长 L_{1i} 与 L_{2i}。

如果 $Y(x_1, x_2)$ 是一个均匀随机场,则它可以用均值 m,方差 σ^2 及归一化协方差函数 $\rho(r_1, r_2)$ 近似描述,其中 r_1 与 r_2 分别表示随机场中任意两点之间在 x_1 与 x_2 方向的距离。对应的局部平均随机场则可用均值 $E(\bar{Y}_i)$,方差 $\mathrm{Var}(\bar{Y}_i)$ 及协方差 $\mathrm{cov}(\bar{Y}_i, \bar{Y}_j)$ 近似描述,即

$$E(\bar{Y}_i) = m$$

$$\mathrm{Var}(\bar{Y}_i) = \Omega(L_{1i}L_{2i}) * \sigma^2$$

$\bar{Y}_i$ 和 $\bar{Y}_j$ 的协方差为

$$\mathrm{cov}(\bar{Y}_i, \bar{Y}_j) = \frac{\sigma^2}{4A_iA_j} \sum_{k=0}^{3} \sum_{l=0}^{3} (-1)^k (-1)^l (L_{1k}L_{2l})^2 \Omega(L_{1k}, L_{2l})$$

(5) 局部平均随机场的推广

上面讨论的随机场局部平均理论是建立在矩形域或长方体域上的,因而只适用于规则的矩形单元或长方体单元,应用范围受到很大的限制。为了改进,利用线性坐标变换,使局部平均的概念推广建立在任意直边四边形或任意六面体上。由于采用的是线性坐标变换,故原随机场的平稳性仍然能够保持。

① 二维局部平均随机场的线性变换。

设 $\alpha(x, y)$ 为二维连续平稳随机场,其均值和方差分别为 m 和 σ^2,定义单元 e 的局部平均随机场为

$$\alpha_e(x_e, y_e) = \frac{1}{A_e} \int_{\Omega_e} \alpha(x, y) \mathrm{d}x\mathrm{d}y$$

其中,A_e 为单元 e 的面积;Ω_e 为单元 e 所占的区域;α_e 的均值为

$$E(\alpha_e) = E\left(\frac{1}{A_e} \int_{\Omega_e} \alpha(x, y) \mathrm{d}x\mathrm{d}y\right) = m$$

任意两个单元的协方差为

$$\mathrm{cov}(\alpha_{e_1}, \alpha_{e_2}) = \frac{\sigma^2}{A_{e_1} A_{e_1}} \int_{\Omega_e} \int_{\Omega_e} \rho(x_1 - x_2, y_1 - y_2) \mathrm{d}x_1 \mathrm{d}x_2 \mathrm{d}y_1 \mathrm{d}y_2$$

其中，$\rho(x_1 - x_2, y_1 - y_2)$ 是 $\alpha(x, y)$ 的二维随机场标准相关系数，为了便于积分，做坐标等参变换，即

$$x = \sum_{i=1}^n N_e^i x_e^i, \quad y = \sum_{i=1}^n N_e^i y_e^i$$

这里，N_e^i 为单元 e 位移模式的形函数；x_e^i，y_e^i 为单元 e 的节点坐标；n 是单元 e 节点数。该变换的 Jacobian 行列式为

$$J = \begin{bmatrix} \dfrac{\partial x}{\partial \xi} & \dfrac{\partial y}{\partial \xi} \\[3mm] \dfrac{\partial x}{\partial \eta} & \dfrac{\partial y}{\partial \eta} \end{bmatrix}$$

对单元 e 做同样的坐标变换，于是协方差变为

$$\mathrm{cov}(\alpha_{e_1}, \alpha_{e_2}) = \frac{\sigma^2}{A_{e_1} A_{e_2}} \int_{-1}^1 \int_{-1}^1 \int_{-1}^1 \int_{-1}^1 \rho(r, s) |J_1| |J_2| \mathrm{d}\xi_1 \mathrm{d}\xi_2 \mathrm{d}\eta_1 \mathrm{d}\eta_2$$

其中

$$r = \sum_{i=1}^n (N_{e_1}^i \cdot x_{e_1}^i - N_{e_2}^i \cdot x_{e_2}^i)$$

$$s = \sum_{i=1}^n (N_{e_1}^i \cdot y_{e_1}^i - N_{e_2}^i \cdot y_{e_2}^i)$$

上式的积分可以利用高斯数值积分计算。这样，只需要知道随机场的均值、方差和标准方差函数（或相关偏度），局部平均随机场的二阶统计特性就可以完全确定了。

② 三维局部平均随机场的线性变换。

设 $\alpha(x, y, z)$ 为三维连续平稳随机场，其均值和方差分别为 m 和 σ^2，定义单元 e 的局部平均随机场为

$$\alpha_e(x_e, y_e, z_e) = \frac{1}{V_e} \int_{\Omega_e} \alpha(x, y, z) \mathrm{d}x \mathrm{d}y \mathrm{d}z$$

其中，V_e 为单元 e 的体积；Ω_e 为单元 e 所占的区域，它可以是任意的直边六面体，α_e 的均值为

$$E(\alpha_e) = E(\frac{1}{V_e} \int_{\Omega_e} \alpha(x,y,z) \mathrm{d}x\,\mathrm{d}y\,\mathrm{d}z) = m$$

任意两个单元的协方差为

$$\mathrm{cov}(\alpha_{e_1}, \alpha_{e_2})$$

$$= \frac{\sigma^2}{V_{e_1}V_{e_1}} \int_{\Omega_e} \int_{\Omega_e} \rho(x_1-x_2, y_1-y_2, z_1-z_2) \mathrm{d}x_1 \mathrm{d}x_2 \mathrm{d}y_1 \mathrm{d}y_2 \mathrm{d}z_1 \mathrm{d}z_2$$

其中, $\rho(x_1-x_2, y_1-y_2, z_1-z_2)$ 是 $\alpha(x,y,z)$ 的三维随机场标准相关系数。

为了便于积分,做坐标等参变换:

$$x = \sum_{i=1}^{n} N_e^i x_e^i, \quad y = \sum_{i=1}^{n} N_e^i y_e^i, \quad z = \sum_{i=1}^{n} N_e^i z_e^i$$

对单元 e 做同样的坐标变换,于是协方差变为

$$\mathrm{cov}(\alpha_{e_1}, \alpha_{e_2})$$

$$= \frac{\sigma^2}{V_{e_1}V_{e_2}} \int_{-1}^{1} \int_{-1}^{1} \int_{-1}^{1} \int_{-1}^{1} \int_{-1}^{1} \int_{-1}^{1} \rho(r,s,t)|J_1||J_2| \mathrm{d}\xi_1 \mathrm{d}\xi_2 \mathrm{d}\eta_1 \mathrm{d}\eta_2 \mathrm{d}\zeta_1 \mathrm{d}\zeta_2$$

其中

$$r = \sum_{i=1}^{n} (N_{e_1}^i \cdot x_{e_1}^i - N_{e_2}^i \cdot x_{e_2}^i)$$

$$s = \sum_{i=1}^{n} (N_{e_1}^i \cdot y_{e_1}^i - N_{e_2}^i \cdot y_{e_2}^i)$$

$$t = \sum_{i=1}^{n} (N_{e_1}^i \cdot z_{e_1}^i - N_{e_2}^i \cdot z_{e_2}^i)$$

3. 正交化局部平均随机场

(1) 协方差矩阵的对角化

上面给出的局部平均随机场模型,其随机变量的协方差的矩阵是满阵,这给应用带来了不便。为了改善这种状况,可利用随机变量的特征正交化方法,将 $(N \times N)$ 阶的协方差矩阵 $[\mathrm{cov}(\alpha_i, \alpha_j)]$ 转换成对角的方差矩阵 $[\mathrm{Var}(\beta_i)]$。

设随机变量 $\tilde{\boldsymbol{\alpha}} = [\alpha_1, \alpha_2, \cdots, \alpha_n]^\mathrm{T}$ 是将随机场局部平均离散后得到的,

其协方差矩阵为 $\boldsymbol{G}$。由协方差矩阵的性质可知,协方差矩阵 $\boldsymbol{G}$ 是一个对称正定矩阵,因而必然存在一个正定矩阵 $\boldsymbol{\Psi}$ 使 $\boldsymbol{G}$ 与 $\boldsymbol{\Lambda}$ 相似。矩阵 $\boldsymbol{\Psi}$ 为协方差矩阵 $\boldsymbol{G}$ 的特征向量构成的模态矩阵,$\boldsymbol{\Lambda}$ 为由协方差矩阵 $\boldsymbol{G}$ 的特征值构成的对角矩阵,即

$$\boldsymbol{G}\boldsymbol{\Psi} = \boldsymbol{\Psi}\boldsymbol{\Lambda}$$

随机向量 $\tilde{\boldsymbol{\beta}} = [\beta_1, \beta_2, \cdots, \beta_n]^{\mathrm{T}}$ 是一个构造随机向量,其各分量之间是互不相关的,且其满足

$$\mathrm{cov}(\beta_i, \beta_j) = \begin{cases} \lambda_i & i = j \\ 0 & i \neq j \end{cases}$$

即

$$\left[\mathrm{cov}(\alpha_i, \alpha_j)\right] = \boldsymbol{\Lambda} = \begin{bmatrix} \lambda_1 & & & 0 \\ & \lambda_2 & & \\ & & \ddots & \\ 0 & & & \lambda_n \end{bmatrix}$$

其中,λ_i 为协方差矩阵 $\boldsymbol{G}$ 的第 i 个特征值。

于是,随机向量 $\tilde{\boldsymbol{\alpha}}$ 和 $\tilde{\boldsymbol{\beta}}$ 之间的转换关系为

$$\tilde{\boldsymbol{\beta}} = \boldsymbol{\Psi}^{\mathrm{T}}\tilde{\boldsymbol{\alpha}}$$

或

$$\tilde{\boldsymbol{\alpha}} = \boldsymbol{\Psi}\tilde{\boldsymbol{\beta}}$$

由此可见,随机向量 $\tilde{\boldsymbol{\alpha}}$ 可以用一个独立的随机向量 $\tilde{\boldsymbol{\beta}}$ 来替代。

（2）有效正交随机变量

在对角方差矩阵 $\boldsymbol{\Lambda}$ 中,数值（$\boldsymbol{G}$ 的特征值）较小的那些分量对随机场的相关结构的影响比较大的分量的影响要微弱得多。利用这一性质,可以简化随机场的表达。

假设对应于对角方差矩阵 $\boldsymbol{\Lambda}$ 中数值较大的 N 个随机变量 $\beta_1, \beta_2, \cdots,$ $\beta_n (N \leqslant n)$ 足以表征随机场的概率分布,则转换关系为

$$\beta_i = \sum_{j=1}^{n} \boldsymbol{\Psi}_{ji}\alpha_j, \qquad i = 1, 2, \cdots, N$$

$$\alpha_k = \sum_{i=1}^{N} \boldsymbol{\Psi}_{ki}\beta_i, \qquad k = 1, 2, \cdots, n$$

3.3.3　粘弹性随机有限元方程

本章考虑的随机参数包括泊松比、松弛模量等对结构有重要影响的参数，和弹性问题不同，粘弹性随机有限元没有普适公式，其推导和参数密切相关，摄动展开必须具体到每一个随机变量。

随机场的离散采用局部平均法，它对原始数据的要求比较低，收敛快，精度高，对相关结构不敏感，这样可以无须给定函数的具体相关形式，而只需要知道均值、方差和相关尺度等控制参数即可，应用十分广泛。为方便起见，假设随机变量 $x \in \{v, G_e, G_l, a\}$ $(l = 1, 2, \cdots, N)$，不考虑参数之间的相关性局部平均，则随机场为 $\{R_i^x\}$，i 表示为第 i 单元的随机变量，将其转化为

$$R_i^x = R_{i0}^x + \alpha_i^x$$

R_{i0}^x 为 R_i^x 的均值；α_i^x 是一零均值随机变量。可知 α_i^x 与 R_i^x 的协方差相同，根据相关结构分解理论将 α_i^x 转化为独立随机变量 $\boldsymbol{\beta}^x = \{\beta_1^x, \beta_2^x, \cdots, \beta_n^x\}$，即有

$$\boldsymbol{\alpha}^x = \boldsymbol{\Psi}_x \boldsymbol{\beta}^x$$

其中，$\boldsymbol{\Psi}_x$ 由随机场 $\{R_i^x\}$ 的协方差矩阵决定，考虑到方差序列的渐近性质，采用具有最大特征值的前 q_x 个随机变量代表原随机向量。

假设 $\widetilde{\boldsymbol{K}}_i$ 为第 i 单元的刚度矩阵，这里将其表示为随机变量 α_i^v、$\alpha_i^{G_e}$ 和 $\alpha_i^{G_l}$ 的线性函数形式，即

$$\widetilde{\boldsymbol{K}}_i = \widetilde{\boldsymbol{K}}_{i0} + \widetilde{\boldsymbol{K}}_{i1}^v \alpha_i^v + \widetilde{\boldsymbol{K}}_{i1}^{G_e} \alpha_i^{G_e} + \sum_{l=1}^{N} \widetilde{\boldsymbol{K}}_{i1}^{G_l} \alpha_i^{G_l}$$

字母上方的"～"表示此变量为单元变量，其中 $\widetilde{\boldsymbol{K}}_{i0}$ 为均值参数矩阵，均方差参数矩阵为

$$\widetilde{\boldsymbol{K}}_{i1}^v = \frac{\mathrm{d}\widetilde{\boldsymbol{K}}_i}{\mathrm{d}\alpha_i^v} = \int_V \boldsymbol{B}^{\mathrm{T}} \boldsymbol{E}_{i1}^v \boldsymbol{B}\,\mathrm{d}V$$

$$\widetilde{\boldsymbol{K}}_{i1}^{G_e} = \frac{\mathrm{d}\widetilde{\boldsymbol{K}}_i}{\mathrm{d}\alpha_i^v} = \int_V \boldsymbol{B}^{\mathrm{T}} \boldsymbol{E}_{i1}^{G_e} \boldsymbol{B}\,\mathrm{d}V$$

$$\widetilde{\boldsymbol{K}}_{i1}^{G_l} = \frac{\mathrm{d}\widetilde{\boldsymbol{K}}_i}{\mathrm{d}\alpha_i^v} = \int_V \boldsymbol{B}^\mathrm{T} \boldsymbol{E}_{i1}^{G_l} \boldsymbol{B} \, \mathrm{d}V, \quad l=1,2,\cdots,N$$

其中，$\boldsymbol{E}_{i1}^v$，$\boldsymbol{E}_{i1}^{G_e}$ 和 $\boldsymbol{E}_{i1}^{G_l}$ 分别表示参数矩阵 $\boldsymbol{E}$ 对随机变量 α_i^v、$\alpha_i^{G_e}$ 和 $\alpha_i^{G_l}$ 的导数矩阵。

单元组装后，整体刚度矩阵为

$$\boldsymbol{K} = \boldsymbol{K}_0 + \sum_{j=1}^{q_v} \bar{\boldsymbol{K}}_{\beta_j}^v \beta_j^v + \sum_{j=1}^{q_{G_e}} \bar{\boldsymbol{K}}_{\beta_j}^{G_e} \beta_j^{G_e} + \sum_{j=1}^{q_{G_l}} \bar{\boldsymbol{K}}_{\beta_j}^{G_l} \beta_j^{G_l}$$

字母上方的"-"表示变量为该单元组装后的变量，其中

$$\bar{\boldsymbol{K}}_{\beta_j}^v = \sum_{i=1}^n \widetilde{\boldsymbol{K}}_{i1}^v \boldsymbol{\Psi}_{ij}^v, \quad \bar{\boldsymbol{K}}_{\beta_j}^{G_e} = \sum_{i=1}^n \widetilde{\boldsymbol{K}}_{i1}^{G_e} \boldsymbol{\Psi}_{ij}^{G_e}, \quad \bar{\boldsymbol{K}}_{\beta_j}^{G_l} = \sum_{i=1}^n \widetilde{\boldsymbol{K}}_{i1}^{G_l} \boldsymbol{\Psi}_{ij}^{G_l}$$

如果将位移按二阶摄动展开，则计算量非常庞大，对于实际结构形式，非常难于计算。当随机变量较多时，位移二阶摄动效率很低，可能会比 Neumann 展开 Monte Carlo 随机有限元方法的效率还要低，因此不宜采用。位移二阶摄动影响的是反应量期望值而不是均方差，实际研究表明当随机参数变异量较小时，位移线性展开的反应量期望值和 Monte Carlo 方法的结果基本一致。由可靠度理论可知，位移按一阶展开得到的可靠性指标的误差是基本随机变量偏度的一阶小量，并且不论是位移一阶展开或二阶展开，当可靠指标较小时精度都较高，工程实际中关心的正是可靠性指标较小的单元，因此位移一阶展开比较实用，综合考虑效率和精度以及解决工程问题的实际情况，这里采用一阶摄动随机有限元方法进行模拟。

将第 $K+1$ 时刻的位移增量对独立随机变量 $\boldsymbol{\beta}^x$ 进行线性展开，即

$$\Delta \boldsymbol{U}^{K+1} = \Delta \boldsymbol{U}_0^{K+1} + \sum_{j=1}^{q_v} \Delta \boldsymbol{U}_{\beta_j}^{v(K+1)} \beta_j^v + \sum_{j=1}^{q_e} \Delta \boldsymbol{U}_{\beta_j}^{G_e(K+1)} \beta_j^{G_e} +$$

$$\sum_{l=1}^N \sum_{j=1}^{q_l} \Delta \boldsymbol{U}_{\beta_j}^{G_l(K+1)} \beta_j^{G_l} + \sum_{j=1}^{q_a} \Delta \boldsymbol{U}_{\beta_j}^{a(K+1)} \beta_j^a$$

松弛应力增量为

$$\Delta \boldsymbol{\sigma}_r^{K+1} = \Delta \boldsymbol{\sigma}_{r0}^{K+1} + \sum_{j=1}^{q_v} \Delta \boldsymbol{\sigma}_{r\beta_j}^{v(K+1)} \beta_j^v + \sum_{j=1}^{q_e} \Delta \boldsymbol{\sigma}_{r\beta_j}^{G_e(K+1)} \beta_j^{G_e} +$$

$$\sum_{l=1}^N \sum_{j=1}^{q_l} \Delta \boldsymbol{\sigma}_{r\beta_j}^{G_l(K+1)} \beta_j^{G_l} + \sum_{j=1}^{q_a} \Delta \boldsymbol{\sigma}_{r\beta_j}^{a(K+1)} \beta_j^a$$

将上两式代入平衡方程,由随机变量的任意性,可得到粘弹性有限元的递推公式为

$$\boldsymbol{K}_0 \Delta \boldsymbol{U}_0^{K+1} = \Delta \boldsymbol{F}^{K+1} - \int_V \boldsymbol{B}^{\mathrm{T}} \Delta \boldsymbol{\sigma}_{r0}^{K+1} \mathrm{d}V$$

$$\boldsymbol{K}_0 \Delta \boldsymbol{U}_{\beta_j}^{v(K+1)} = -\bar{\boldsymbol{K}}_{\beta_j}^{v} \Delta \boldsymbol{U}_0^{K+1} - \int_V \boldsymbol{B}^{\mathrm{T}} \Delta \boldsymbol{\sigma}_{r\beta_j}^{v(K+1)} \mathrm{d}V, \quad j=1,2,\cdots,q_v$$

$$\boldsymbol{K}_0 \Delta \boldsymbol{U}_{\beta_j}^{G_e(K+1)} = -\bar{\boldsymbol{K}}_{\beta_j}^{G_e} \Delta \boldsymbol{U}_0^{K+1} - \int_V \boldsymbol{B}^{\mathrm{T}} \Delta \boldsymbol{\sigma}_{r\beta_j}^{G_e(K+1)} \mathrm{d}V, \quad j=1,2,\cdots,q_e$$

$$\boldsymbol{K}_0 \Delta \boldsymbol{U}_{\beta_j}^{G_l(K+1)} = -\bar{\boldsymbol{K}}_{\beta_j}^{G_l} \Delta \boldsymbol{U}_0^{K+1} - \int_V \boldsymbol{B}^{\mathrm{T}} \Delta \boldsymbol{\sigma}_{r\beta_j}^{G_l(K+1)} \mathrm{d}V,$$
$$l=1,2,\cdots,N, \quad j=1,2,\cdots,q_l$$

$$\boldsymbol{K}_0 \Delta \boldsymbol{U}_{\beta_j}^{a(K+1)} = -\int_V \boldsymbol{B}^{\mathrm{T}} \Delta \boldsymbol{\sigma}_{r\beta_j}^{a(K+1)} \mathrm{d}V, \quad j=1,2,\cdots,q_a$$

下面给出第 K 时刻到 $K+1$ 时刻变量的递推关系。

设第 K 时刻的应变增量的级数展开形式为

$$\Delta \boldsymbol{\varepsilon}^{K+1} = \Delta \boldsymbol{\varepsilon}_0^{K+1} + \sum_{j=1}^{q_v} \Delta \boldsymbol{\varepsilon}_{\beta_j}^{v(K+1)} \beta_j^v + \sum_{j=1}^{q_e} \Delta \boldsymbol{\varepsilon}_{\beta_j}^{G_e(K+1)} \beta_j^{G_e} +$$

$$\sum_{l=1}^{N} \sum_{j=1}^{q_l} \Delta \boldsymbol{\varepsilon}_{\beta_j}^{G_l(K+1)} \beta_j^{G_l} + \sum_{j=1}^{q_a} \Delta \boldsymbol{\varepsilon}_{\beta_j}^{a(K+1)} \beta_j^a$$

根据位移和应变的关系有

$$\Delta \boldsymbol{\varepsilon}_0^K = \boldsymbol{B} \Delta \boldsymbol{U}_0^K, \quad \Delta \boldsymbol{\varepsilon}_{\beta_j}^{v(K)} = \boldsymbol{B} \Delta \boldsymbol{U}_{\beta_j}^{v(K)}, \quad \Delta \boldsymbol{\varepsilon}_{\beta_j}^{G_e(K)} = \boldsymbol{B} \Delta \boldsymbol{U}_{\beta_j}^{G_e(K+1)}$$
$$\Delta \boldsymbol{\varepsilon}_{\beta_j}^{G_l(K)} = \boldsymbol{B} \Delta \boldsymbol{U}_{\beta_j}^{G_l(K+1)}, \quad \Delta \boldsymbol{\varepsilon}_{\beta_j}^{G_a(K)} = \boldsymbol{B} \Delta \boldsymbol{U}_{\beta_j}^{G_a(K+1)}$$

第 $K+1$ 时刻的变量 $\boldsymbol{S}^l (l=1,2,\cdots,N)$ 的级数展开为

$$(\boldsymbol{S}^l)^{(K+1)} = (\boldsymbol{S}^l)_0^{K+1} + \sum_{j=1}^{q_v} (\boldsymbol{S}^l)_{\beta_j}^{v(K+1)} \beta_j^v + \sum_{j=1}^{q_e} (\boldsymbol{S}^l)_{\beta_j}^{G_e(K+1)} \beta_j^{G_e} +$$

$$\sum_{l=1}^{N} \sum_{j=1}^{q_l} (\boldsymbol{S}^l)_{\beta_j}^{G_l(K+1)} \beta_j^{G_l} + \sum_{j=1}^{q_a} (\boldsymbol{S}^l)_{\beta_j}^{a(K+1)} \beta_j^a$$

定义第 i 单元的材料系数为 $(A_l)_i^K = \mathrm{e}^{-a_i h^{l-1} \Delta_K}$,用独立随机变量 $\langle \boldsymbol{\beta}^a \rangle$ 表示为

$$(A_l)_i^K = (A_l)_{i0}^K + \sum_{j=1}^{q_a} (A_l)_{i\beta_j}^{a(K)} \beta_j^a$$

其中
$$(A_l)_{i\beta_j}^{a(K)} = (A_l)_{i1}^{a(K)} \Psi_{ij}^a$$

$$(A_l)_{i1}^{a(K)} = (-h^{l-1}\Delta t_K)\mathrm{e}^{-a_i h^{l-1}\Delta t_K}$$

则第 $K+1$ 时刻的变量 $\boldsymbol{S}^l(l=1,2,\cdots,N)$ 的零阶量和一阶量为

$$(\boldsymbol{S}^l)_0^{K+1} = (A_l)_{i0}^K (\boldsymbol{S}^l)_0^K + \Delta \boldsymbol{\varepsilon}_0^K$$

$$(\boldsymbol{S}^l)_{\beta_j}^{v(K+1)} = (A_l)_{i0}^K (\boldsymbol{S}^l)_{\beta_j}^{v(K)} + \Delta \boldsymbol{\varepsilon}_{\beta_j}^{v(K)}, \quad j=1,2,\cdots,q_v$$

$$(\boldsymbol{S}^l)_{\beta_j}^{G_e(K+1)} = (A_l)_{i0}^K (\boldsymbol{S}^l)_{\beta_j}^{G_e(K)} + \Delta \boldsymbol{\varepsilon}_{\beta_j}^{G_e(K)}, \quad j=1,2,\cdots,q_e$$

$$(\boldsymbol{S}^l)_{\beta_j}^{G_p(K+1)} = (A_l)_{i0}^K (\boldsymbol{S}^l)_{\beta_j}^{G_p(K)} + \Delta \boldsymbol{\varepsilon}_{\beta_j}^{G_p(K)},$$

$$p=1,2,\cdots,N, \quad j=1,2,\cdots,q_p$$

$$(\boldsymbol{S}^l)_{\beta_j}^{a(K+1)} = (A_l)_{i0}^K (\boldsymbol{S}^l)_{\beta_j}^{a(K)} + (A_l)_{i\beta_j}^{a(K)} (\boldsymbol{S}^l)_0^K + \Delta \boldsymbol{\varepsilon}_{\beta_j}^{a(K)}, \quad j=1,2,\cdots,q_a$$

定义第 i 单元的材料参数 $(C_l)_i = G_l(\mathrm{e}^{-a_i h^{l-1}\Delta t_{K+1}} - 1)$，则第 $K+1$ 时刻的松弛应力增量的零阶量和一阶量为

$$\Delta \boldsymbol{\sigma}_{r0}^{K+1} = \boldsymbol{D}_i \sum_{l=1}^N (C_l)_{i0} (\boldsymbol{S}^l)_0^{K+1}$$

$$\Delta \boldsymbol{\sigma}_{r\beta_j}^{v(K+1)} = \boldsymbol{D}_i \sum_{l=1}^N (C_l)_{i0} (\boldsymbol{S}^l)_{\beta_j}^{v(K+1)} + \boldsymbol{D}_{i\beta_j}^v \sum_{l=1}^N (C_l)_{i0} (\boldsymbol{S}^l)_0^{K+1}, \quad j=1,2,\cdots,q_v$$

$$\Delta \boldsymbol{\sigma}_{r\beta_j}^{G_e(K+1)} = \boldsymbol{D}_i \sum_{l=1}^N (C_l)_{i0} (\boldsymbol{S}^l)_{\beta_j}^{G_e(K+1)}, \quad j=1,2,\cdots,q_e$$

$$\Delta \boldsymbol{\sigma}_{r\beta_j}^{G_l(K+1)} = \boldsymbol{D}_i \Big[(C_l)_{i\beta_j}^{G_l} (\boldsymbol{S}^l)_0^{K+1} + \sum_{p=1}^N (C_p)_{i0} (\boldsymbol{S}^p)_{\beta_j}^{G_p(K+1)} \Big],$$

$$l=1,2,\cdots,N, \quad j=1,2,\cdots,q_p$$

$$\Delta \boldsymbol{\sigma}_{r\beta_j}^{a(K+1)} = \boldsymbol{D}_i \sum_{l=1}^N \big[(C_l)_{i0} (\boldsymbol{S}^l)_{\beta_j}^{a(K+1)} + (C_l)_{i\beta_j}^a (\boldsymbol{S}^l)_0^{K+1} \big], \quad j=1,2,\cdots,q_a$$

其中，$\boldsymbol{D}_i$ 为第 i 单元的参数矩阵，C_l 摄动量为

$$(C_l)_{i\beta_j}^{G_l(K+1)} = (C_l)_{i1}^{G_l(K+1)} \Psi_{ij}^{G_l}, \quad (C_l)_{i1}^{G_l(K+1)} = \mathrm{e}^{-a_i h^{l-1}\Delta t_{K+1}} - 1$$

$$(C_l)_{i\beta_j}^{a(K+1)} = (C_l)_{i1}^{a(K+1)} \Psi_{ij}^a, \quad (C_l)_{i1}^{a(K+1)} = G_l(-h^{l-1}\Delta t_{K+1})\mathrm{e}^{-a_i h^{l-1}\Delta t_{K+1}}$$

在求出弹性应力增量的摄动量之后，由 $\Delta \sigma^{K+1} = \Delta \sigma_e^{K+1} + \Delta \sigma_r^{K+1}$ 可得到第 $K+1$ 时刻的应力增量表达式。

用变量 $\boldsymbol{Y}$ 代表实际的响应量如位移、应变和应力等，第 K 时刻的响应

量为

$$Y^{K+1} = Y_0^{K+1} + \sum_{j=1}^{q_v} Y_{\beta_j}^{v(K+1)} \beta_j^v + \sum_{j=1}^{q_e} Y_{\beta_j}^{G_e(K+1)} \beta_j^{G_e} +$$

$$\sum_{l=1}^{N} \sum_{j=1}^{q_l} Y_{\beta_j}^{G_l(K+1)} \beta_j^{G_l} + \sum_{j=1}^{q_a} Y_{\beta_j}^{a(K+1)} \beta_j^a$$

由于本文采用的是粘弹性增量随机有限元方法,故 Y 的各阶展开量要由增量累加得到,第 K 时刻响应量的均值和方差可以写为

$$E(Y^K) = Y_0^K$$

3.3.4 算例 1

以受均布内压带弹性外壳的粘弹性厚壁圆筒为算例进行研究。结构如图 3-34 所示。将随机向量进行相关结构分解后用 6 个正交独立随机变量代替原随机场。粘弹性厚壁圆筒的基本材料参数如下:材料近似不可压缩,泊松比均值为 0.495,均方差为 0.001,药柱材料性能参数如表 3-7 所列。迟滞时间为 $3.318\ 874 \times 10^{-5}$ s,参数变异系数为 0.1。压力为指数增压,即 $P(t) = 6 \times (1 - e^{-0.2})$ MPa。

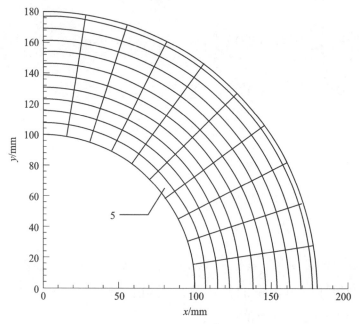

图 3-34 结构图

表 3 - 7　药柱的材料性能参数

G_e/Mpa	G_1/Mpa	G_2/Mpa	G_3/Mpa	τ_1/s	τ_2/s	τ_3/s
0.236 028	0.056 244	0.033 0147	0.645 613	30 130.7	3 013.07	301.307

（1）单随机变量作用下结构的响应计算结果

图 3 - 35 所示为当随机变量为泊松比时环向应变的均方差，图 3 - 36 所示为当随机变量为迟滞时间时环向应变的均方差，图 3 - 37 所示为当随机变量为 G_1 时环向应变的均方差，图 3 - 38 所示为当随机变量为 G_2 时环向应变的均方差，图 3 - 39 所示为当随机变量为 G_3 时环向应变的均方差，图 3 - 40 所示为当随机变量为 G_e 时环向应变的均方差。

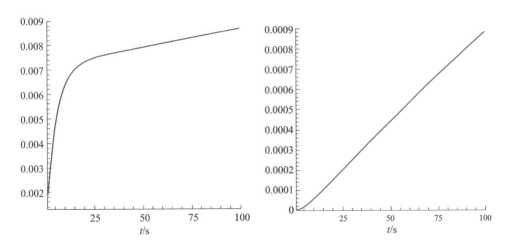

图 3 - 35　泊松比引起的环向应变的均方差　　图 3 - 36　迟滞时间引起的环向应变的均方差

从图中可以看出，不同参数对结构响应量的影响不同，近似不可压缩材料处于受压状态时，泊松比的影响非常显著，粘弹性材料的泊松比接近于 0.5，很难通过试验得到其准确值，如果试验次数足够多，可以发现它服从统计规律，是明显的随机参数，进行粘弹性结构分析时，不考虑其随机性，用某个数值简单代替，势必会失去许多信息，从而使计算的可信度降低。

其次，从不同参数的影响分析，剪切模量中 G_3 所产生的变异最大，

G_e、G_1、G_2 依次与其值成正比关系。迟滞时间参数的随机性在开始时对结构的响应量比较小,但随着时间的增长,其影响呈线性增加。

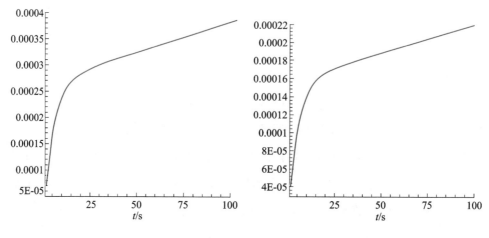

图 3 - 37　G_1 引起的环向应变的均方差　　　　图 3 - 38　G_2 引起的环向应变的均方差

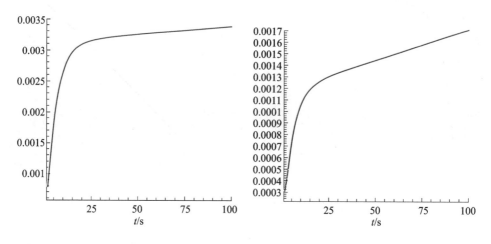

图 3 - 39　G_3 引起的环向应变的均方差　　　　图 3 - 40　G_e 引起的环向应变的均方差

(2) 多随机变量作用下结构的响应

图 3-41 所示为多变量作用下环向应变的均值,图 3 - 42 所示为多变量作用下环向应变的均方差,图 3 - 43 所示为多变量作用响应与单变量响应环向应变的均方差对比。

从图中可以看出,泊松比的影响占主导地位,G_1、G_2 的影响最小,迟滞时间的影响刚开始时比较小,但增速比较快,随着时间的增加逐渐超过了 G_1、G_2,综合分析来看,几个参数随机性的综合影响不能通过简单叠加单个参数随机分析后的结果而得到,几种情况响应量的数字特征之间不存在简单的线性关系,要进行粘弹性结构的随机分析,就必须同时考虑多参数的随机性的影响,进行复合因素下粘弹性随机有限元的结构分析。

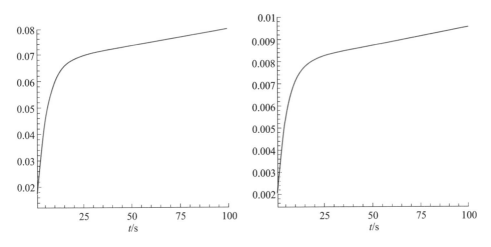

图 3 - 41　多变量作用下环向应变均值　　图 3 - 42　多变量作用下环向应变均方差

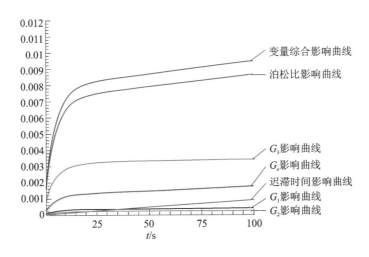

图 3 - 43　环向应变均方差对比图

3.3.5　算例 2

对三维药柱在受内压力载荷下的结构响应进行了计算。结构为有弹性壳体的发动机星型药柱,星角数为 6,利用对称性只考虑其中的 1/12,网格剖分如图 3 - 44 所示。

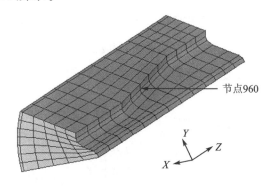

节点960

图 3 - 44 网格图

其中,弹性外壳的参数为弹性模量 $E_c = 2 \times 10^5 (\text{MPa})$,泊松比 $\nu_c = 0.3$;药柱材料性能参数如表 5 - 1 所列。

发动机内压力按如下规律变化:

$$P = 6.323\,8 \times (1 - \exp(-20\,t))(\text{MPa})$$

首先讨论相关结构模型对结构分析的影响:

假设剪切模量 G_e 为随机量,图 3 - 45 和图 3 - 46 所示分别为 $t = 0.14\,\text{s}$ 时刻结构相关模型为高斯模型和三角模型所产生的 x 方向位移的一阶标准差。

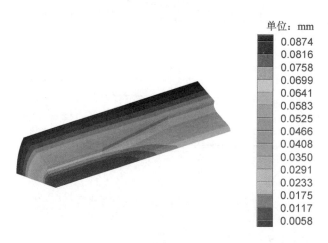

单位: mm

| 0.0874 |
| 0.0816 |
| 0.0758 |
| 0.0699 |
| 0.0641 |
| 0.0583 |
| 0.0525 |
| 0.0466 |
| 0.0408 |
| 0.0350 |
| 0.0291 |
| 0.0233 |
| 0.0175 |
| 0.0117 |
| 0.0058 |

图 3 - 45　高斯模型的位移标准差 S

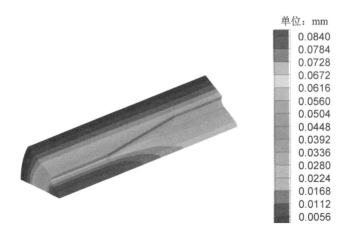

图 3 - 46　三角模型的位移标准差 S

对比图 3 - 45 和图 3 - 46 可以看出,无论从数值上还是从对结构分布的影响上,两种模型所产生的位移标准差差别不大,这也与文献[41]所提出的结构响应对所选的结构模型的敏感度比较小相符合。

其次讨论相关尺度参数对结构分析的影响:

假设相关模型为高斯模型,图 3 - 45、图 3 - 47、图 3 - 48 所示分别为 $t=0.14$ s 时刻相关结构尺度 a 为 360、100、50 时 x 方向位移的一阶标准差 S。

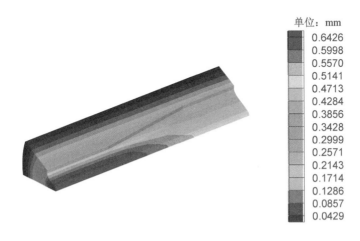

图 3 - 47　相关结构尺度为 100 时位移标准差 S

从图中可以看出,在结构模型相同的条件下,相关尺度参数的不同对

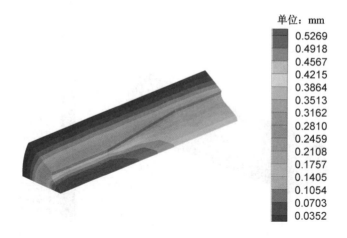

单位：mm

0.5269
0.4918
0.4567
0.4215
0.3864
0.3513
0.3162
0.2810
0.2459
0.2108
0.1757
0.1405
0.1054
0.0703
0.0352

图 3-48 相关结构尺度为 50 时位移标准差 S

结果的影响比较大,因此,针对局部平均随机场对原始随机场的相关结构模型不敏感的特点,只需要知道相关尺度参数等参数,就可以对结构进行随机分析,这里所做的分析与文献[45]初步分析的结果一致。

最后讨论泊松比及剪切模量为单随机变量时对结构的影响及多随机变量综合作用时的影响:

假设泊松比的变异系数为 0.002,剪切模量各变量的变异系数为 0.1。图 3-49 至图 3-53 所示分别为泊松比 ν 和剪切模量 G_e、G_1、G_2、G_3 为随机变量时节点 960 在 x 方向应变方差随时间变化图。

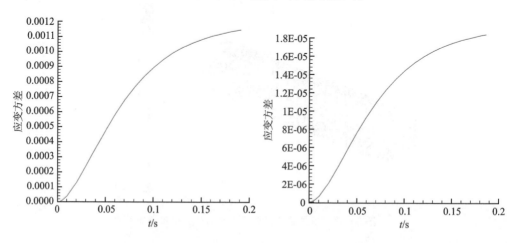

图 3-49 ν 为随机变量时应变方差变化图   图 3-50 G_e 为随机变量时应变方差变化图

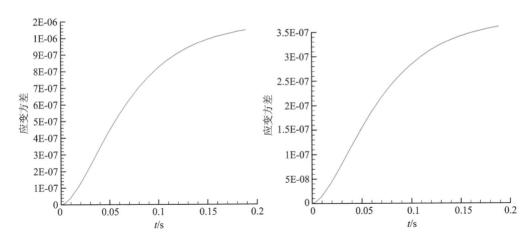

图 3-51　G_1 为随机变量时应变方差变化图　　图 3-52　G_2 为随机变量时应变方差变化图

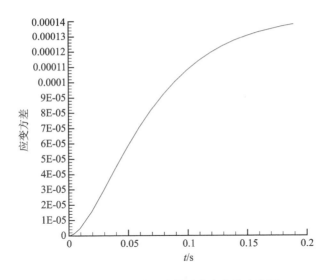

图 3-53　G_3 为随机变量时应变方差变化图

从泊松比和剪切模量作为随机变量的结果图可以看出,泊松比的变化对结构的影响是最大的,其微小的变化就会产生很大的方差;G_1 和 G_2 影响很小,所以在结构分析时,可以适当忽略一些次要因素。下面针对泊松比的变化进行讨论。

图 3-54 所示为泊松比变异系数分别是 0.002、0.004 和 0.008 时节点 960 在 X 方向的应变方差;图 3-55 所示分别为单随机变量和多随机变

量(包括泊松比和剪切模量的参数)作用下节点 960 在 X 方向的应变方差。

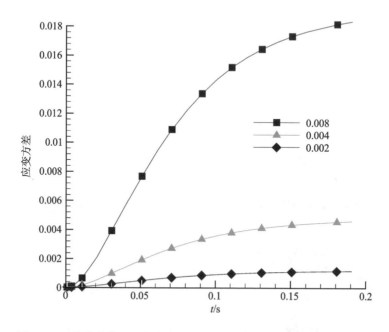

图 3 − 54　泊松比变异系数为 0.002、0.004 和 0.008 时应变方差变化图

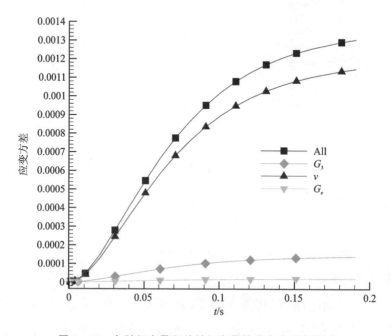

图 3 − 55　多随机变量和单随机变量的应变方差变化图

从图 3-54 可以看出,泊松比微小的变化将对结构分析产生巨大的影响,因此,在对结构进行分析时,准确地确定泊松比的变化范围非常重要。从图 3-55 可以看出,多个随机变量的综合影响与单个随机变量的影响不是简单的线性关系,并不能简单地相加,因此进行结构分析时,有必要同时考虑多个随机量的综合影响。

第4章 基于细观的固体推进剂力学及热物理性能分析

固体火箭发动机的工作性能在很大程度上取决于固体推进剂的装药结构、力学性能及燃烧性质等。在固体火箭发动机的整个设计阶段,发动机的设计与推进剂配方的调整或研制是平行进行的,需要进行多次协调,最后才能设计出满足要求、性能良好的固体火箭发动机。发动机的研制从设计到定型需要大量的试验研究,往往耗资较多而且设计周期较长。因此,从细观尺度出发,建立反映固体推进剂真实微结构特征的细观模型,并结合数值仿真技术较准确地预测固体推进剂的力学性能、热物理性质,将对固体火箭发动机的研制有较大的理论意义及工程价值。本章从细观力学出发,详细介绍复合固体推进剂的细观建模、松弛模量预测和热物理性质预测的基本方法。

4.1 复合固体推进剂颗粒夹杂模型

复合固体推进剂是一种典型的颗粒夹杂复合材料,其性能受各组分材料性质及其细观结构特征的影响,这些特征包括增强相的体积分数、分布规律、形状以及界面相的性质等。从细观尺度出发研究复合固体推进剂的各种性质,首先要建立能反映固体推进剂细观微结构形态的颗粒夹杂模型。本节主要结合分子动力学方法和拉丁超立方抽样方法计算固体推进剂颗粒在代表性体积单元内的分布,并建立固体推进剂的细观几何模型。

4.1.1 颗粒夹杂模型建模方法

固体推进剂配方中固体颗粒的体积分数、粒径的分布决定了代表性体积单元的尺寸及其所包含的颗粒数目。采用拉丁超立方抽样方法将这些颗粒在代表体积单元内进行随机投点,并赋予这些颗粒随机的运动速度和相应的线性增长率,在颗粒的运动过程中,颗粒与颗粒不断地发生碰撞,同时颗粒在代表性体积单元周期性边界不断地进出。随着计算时间的增长,颗粒半径逐渐增大,直到颗粒的体积分数满足复合固体推进剂的要求。

1. 颗粒位置初始化

采用直接随机抽样方法进行随机投点时,由于每个点的随机范围比较大,故可能会出现局部颗粒集中,如图 4-1(a)所示。在采用分子动力学方法计算时,该区域的颗粒碰撞会比较多,使得计算量增大,并且也可能导致最后得到的复合固体推进剂细观模型内的颗粒分布非常不均匀。拉丁超立方抽样方法是将抽样区间分成 n 个互不重叠的子区间,然后在每个子区间内分别进行独立的等概率抽样。因此,拉丁超立方抽样方法可以使颗粒初始随机位置更均匀,如图 4-1(b)所示。

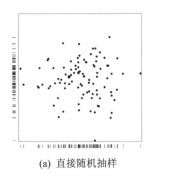
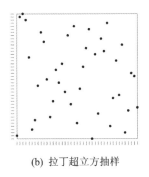

(a) 直接随机抽样　　　　　　　　　(b) 拉丁超立方抽样

图 4-1　直接随机抽样和拉丁超立方抽样结果示意图

2. 颗粒碰撞及出界事件

记贮存的每个颗粒状态参数的数组为

$$S_{Vi} = (x_i, y_i, z_i, v_{xi}, v_{yi}, v_{zi}, v_{ai}), \quad i = 1, \cdots, N \qquad (4-1)$$

其中,(x_i, y_i, z_i) 为颗粒 i 的圆心坐标;(v_{xi}, v_{yi}, v_{zi}) 为颗粒 i 的运动速度;v_{ai} 是颗粒 i 的半径线性增长率。

在颗粒的运动过程中,当两个颗粒外表面相切时,则认为这两个颗粒发生碰撞事件。当颗粒外表面与代表性体积单元边界相切时,认为该颗粒触发出界事件,同时在该边界所对应的周期性边界处添加相应的颗粒。因此,在计算过程中首先要判断出在下一时刻将要发生的事件。

(1) 碰撞事件

如果两个颗粒发生碰撞,则满足条件:两个颗粒的半径之和等于两圆心之间的距离,即

$$|\boldsymbol{R}_i + \boldsymbol{V}_i \times \Delta t - (\boldsymbol{R}_j + \boldsymbol{V}_j \times \Delta t)| = v_{ai}(t + \Delta t) + v_{aj}(t + \Delta t)$$

$$(4-2)$$

对式(4-2)进行简化,可得到关于 Δt 的一元二次方程

$$A\Delta t^2 + 2B\Delta t + C = 0 \qquad (4-3)$$

其中

$$A = (v_{ix} - v_{jx})^2 + (v_{iy} - v_{jy})^2 + (v_{iz} - v_{jz})^2 - (v_{ai} + v_{aj})^2$$

$$B = (x_i - x_j)(v_{ix} - v_{jx}) + (y_i - y_j)(v_{iy} - v_{jy}) +$$
$$(z_i - z_j)(v_{iz} - v_{jz}) - (v_{ai} + v_{aj})^2 t$$

$$C = (x_i - x_j)^2 + (y_i - y_j)^2 + (z_i - z_j)^2 - (v_{ai} + v_{aj})^2 t^2$$

根据式(4-3)可以判断所有颗粒是否会发生碰撞,以及即将发生碰撞的时间。若颗粒发生碰撞,则式(4-3)必须有实数解,即 $B^2 - AC \geqslant 0$。当 $B^2 - AC \geqslant 0$ 时,式(4-3)的根会有三种情况,分别为:两个正根;一正根一负根;两个负根。图4-2为不同根值所对应的碰撞示意图。其中,黄色球代表颗粒 i,蓝色球代表颗粒 j,箭头表示的是颗粒 i 相对于颗粒 j 的速度矢量,虚线表示的是 Δt 时间后,颗粒 i 和颗粒 j 的大小和位置。从图中可以看出,当式(4-3)的解为两正根时,较小值的为颗粒的碰撞时间;当解为一正一负时,正根为颗粒的碰撞时间;当解都为负值时,在实际情况中颗粒是不可能发生碰撞的。

如果单元内存在 N 个颗粒,每两个颗粒都可能发生碰撞,则需要根据上述方法求解出 $(N-1)!$ 对颗粒的碰撞时间,除去不可能发生碰撞的颗粒对,找出剩余碰撞时间中的最小值,记为 $\Delta t_{collision}$,即为下一次碰撞事件将要发生的时间。

(2) 出界事件

因为每一个颗粒都具有一定的移动速度,所以除了需要考虑运动期间

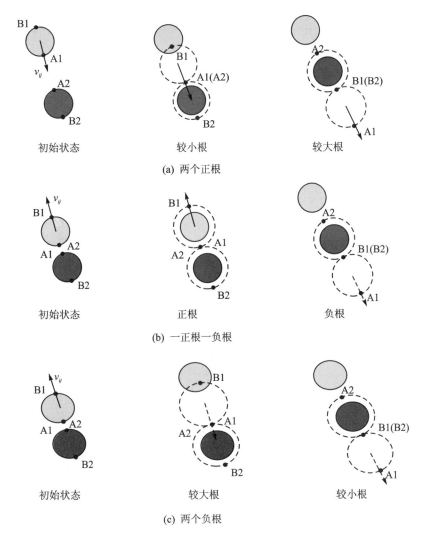

(a) 两个正根

(b) 一正根一负根

(c) 两个负根

图 4 - 2　不同根值对应的碰撞示意图

颗粒之间的碰撞外,还需要考虑每一个颗粒的出界时间。如果采用程序计算,则需要根据式(4 - 4)分别计算 x, y, z 三个轴,两个方向的出界时间,负值在实际中是不可能发生的,因此比较所有的正值,其中最小值即为该颗粒的出界时间。对每个颗粒都进行计算,比较所有颗粒的出界时间,其中的最小值即为下一次出界事件即将发生的时间,记为 Δt_{exit}。通过比较 $\Delta t_{\text{collision}}$ 和 Δt_{exit} 的大小,可以判断出下一次将要发生的事件。

$$\frac{a - x_i - v_{ai}t}{v_{xi} + v_{ai}}, \quad \frac{-a - x_i + v_{ai}t}{v_{xi} + v_{ai}}, \quad \frac{a - y_i - v_{ai}t}{v_{yi} + v_{ai}},$$

$$\frac{-a - y_i + v_{ai}t}{v_{yi} + v_{ai}}, \quad \frac{a - z_i - v_{ai}t}{v_{zi} + v_{ai}}, \quad \frac{-a - z_i + v_{ai}t}{v_{zi} + v_{ai}}$$

$$(4 - 4)$$

3. 颗粒状态信息更新

颗粒发生碰撞后,颗粒速度矢量发生变化,记颗粒 i 和颗粒 j 在碰撞时分别具有的速度为 $\boldsymbol{v}'_i$ 和 $\boldsymbol{v}'_j$,则颗粒 i 相对于颗粒 j 的速度为

$$\boldsymbol{v}_{ij} = \boldsymbol{v}'_i - \boldsymbol{v}'_j \qquad (4 - 5)$$

假设颗粒 j 相对静止,则可以将三维斜碰问题简化为在相对速度矢量 $\boldsymbol{v}_{ij}$ 和两颗粒球心连线所构成的平面上的二维碰撞问题。假设颗粒光滑,则颗粒 j 在碰撞后应沿球心连线方向运动,如图 4 - 3 所示。

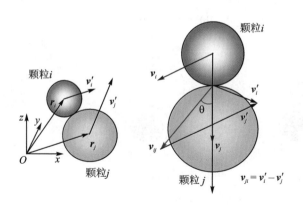

图 4 - 3   颗粒碰撞速度更新示意图

根据动量守恒原理、动能守恒原理以及由矢量 $\boldsymbol{v}_i$,$\boldsymbol{v}_j$ 和 $\boldsymbol{v}_{ij}$ 构成的矢量三角形,可得

$$m_i v_{ij} = m_i v_i + m_j v_j \qquad (4 - 6)$$

$$|v_{ij}|^2 = |v_i|^2 + \frac{m_j}{m_i}|v_i|^2 \qquad (4 - 7)$$

$$|v_i|^2 = |v_{ij}|^2 + \left(\frac{m_j}{m_i}\right)^2 |v_j|^2 - \frac{2m_j}{m_i}|v_{ij}||v_j|\cos\theta \qquad (4 - 8)$$

记
$$k = \frac{r_j - r_i}{|r_j - r_i|}, \qquad \frac{v_{ij} \cdot k}{|v_{ij}||k|} = \cos\theta$$

联合式(4-6)、式(4-7)和式(4-8)求解,可得

$$v_i = v_i' - v_j' - \frac{2\dfrac{m_j}{m_i}(v_i' - v_j') \cdot k}{1 + \dfrac{m_j}{m_i}} \cdot k \qquad (4-9)$$

$$v_j = \frac{2(v_i' - v_j') \cdot k}{1 + \dfrac{m_j}{m_i}} \cdot k \qquad (4-10)$$

其中,m_i 和 m_j 分别表示颗粒 i 和 j 的质量。

式(4-9)和式(4-10)计算的是假设颗粒 j 相对静止时,碰撞事件发生后两个颗粒的速度,加上之前所具有的速度 v_j',即为颗粒碰撞后所具有的新的速度:

$$v_{i\text{new}} = v_i + v_j' = v_i' - \frac{2\dfrac{m_j}{m_i}(v_i' - v_j') \cdot k}{1 + \dfrac{m_j}{m_i}} \cdot k \qquad (4-11)$$

$$v_{j\text{new}} = v_j + v_j' = v_j' + \frac{2(v_i' - v_j') \cdot k}{1 + \dfrac{m_j}{m_i}} \cdot k \qquad (4-12)$$

考虑到在碰撞过程中,颗粒不断地变大,质量不断增加,速度越来越小,为使得颗粒仍然在不断地运动,在颗粒碰撞后对颗粒速度额外增加其半径线性增长的速度。

$$v_{i\text{new}} = v_i + v_j' = v_i' - \left[\frac{2\dfrac{m_j}{m_i}(v_i' - v_j') \times k}{1 + \dfrac{m_j}{m_i}} + v_{ai} \right] \cdot k \qquad (4-13)$$

$$v_{j\text{new}} = v_j + v_j' = v_j' + \left[\frac{2(v_i' - v_j') \cdot k}{1 + \dfrac{m_j}{m_i}} + v_{aj} \right] \cdot k \qquad (4-14)$$

当颗粒出界时,由于代表性体积单元是周期性分布单元,故应该在相应的边界上增加一个颗粒,该颗粒与出界颗粒的速度半径线性增长率一致。当在颗粒信息总数组内增加该颗粒的状态信息后,应在下一步的碰撞和出界事件的时间计算中考虑该新增颗粒。

根据前面提到的计算方法,编写复合固体推进剂颗粒夹杂模型建模程序,主程序流程图如图 4-4 所示。

4.1.2 颗粒夹杂模型建模方法验证

20 世纪 50 年代,英国伦敦大学的伯纳尔在利用滚珠来研究"颗粒随机堆积"的问题时发现,无论把滚珠胡乱地倒进箱子里多少次,滚珠最多只占据箱子总体积的 64%。即使他把滚珠倒进去后,再使劲地摇晃箱子,都不能让滚珠所占的体积突破这个限度,后人称之为伯纳尔限度。为验证上述颗粒填充算法,将本文计算的颗粒堆积结果与文献[46]所提到颗粒堆积实验及仿真结果进行比较。以文献中的填充模型为参考,计算大颗粒和小颗粒占总颗粒体积不同比例时的最大填充分数(其中大颗粒粒径与小颗粒粒径之比为 3.444 4)。分别取小颗粒占总颗粒体积的 0%,10.03%,19.83%,30.28%,50.6%,70.78%,100%,颗粒最终堆积结果如图 4-5 所示。

将计算结果与文献中的颗粒堆积实验及仿真结果进行比较,如图 4-6 所示。从图中可以看出,本文计算结果与文献[46]中的结果吻合良好,大、小颗粒所占比例的不同对最大填充体积分数有较大影响。对于颗粒粒径为 3.444 4:1 的二级级配的复合固体推进剂,当小颗粒所占比重在 30%~50% 的范围内时,复合固体推进剂的填充体积分数最大。

根据图 4-5 中的计算结果,将 Z 方向的长度无量纲化,可以得到各个模型沿 Z 轴方向截面上的颗粒面积分数随 Z 轴位置的变化曲线,如图 4-7 至图 4-12 所示。从图中可以看出,各个模型沿 Z 轴方向颗粒的面积分数值均围绕颗粒的填充体积分数值上下波动。其中,图 4-7 和图 4-11 的波动范围较小,其他图的波动范围略大,主要是受颗粒粒径分布及颗粒随机分布的影响。

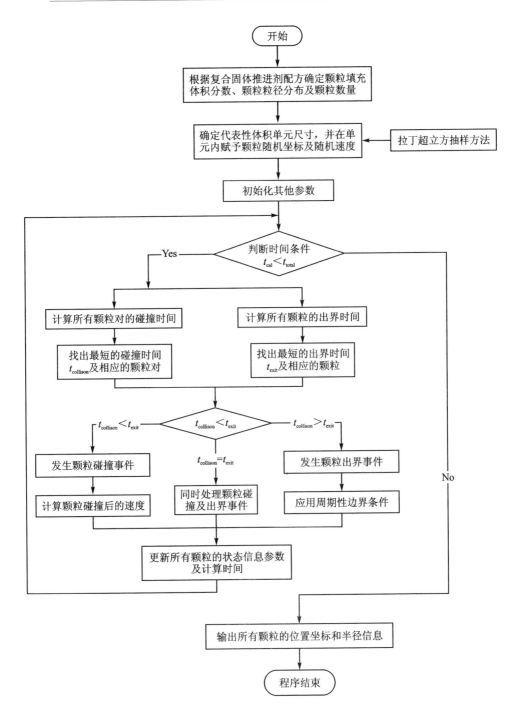

图 4 - 4　复合固体推进剂细观模型的主程序流程图

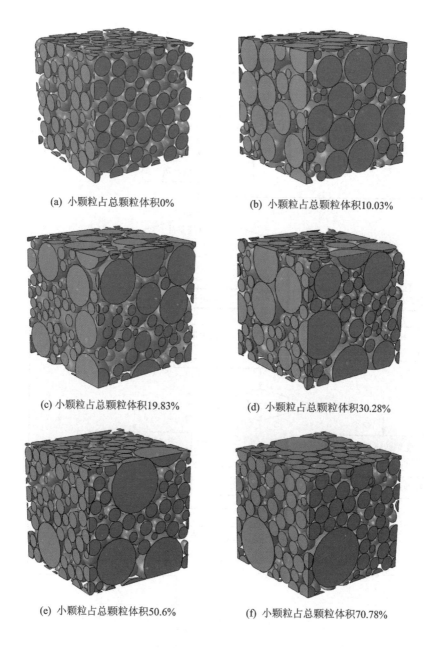

(a) 小颗粒占总颗粒体积0%

(b) 小颗粒占总颗粒体积10.03%

(c) 小颗粒占总颗粒体积19.83%

(d) 小颗粒占总颗粒体积30.28%

(e) 小颗粒占总颗粒体积50.6%

(f) 小颗粒占总颗粒体积70.78%

图 4 - 5 大、小颗粒所占比例不同时的颗粒堆积模型

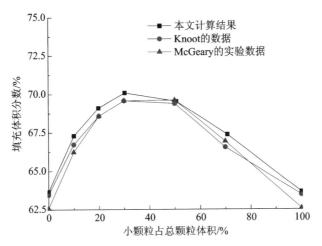

图 4 - 6　颗粒最大填充体积分数曲线

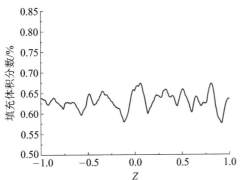

图 4 - 7　图(a)细观模型沿 Z 轴方向
颗粒面积分数变化

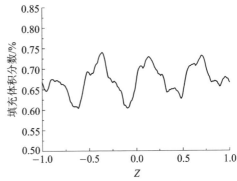

图 4 - 8　图(b)细观模型沿 Z 轴方向
颗粒面积分数变化

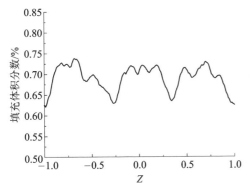

图 4 - 9　图(c)细观模型沿 Z 轴方向
颗粒面积分数变化

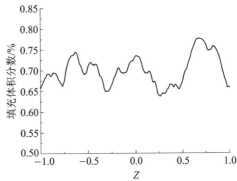

图 4 - 10　图(d)细观模型沿 Z 轴方向
颗粒面积分数变化

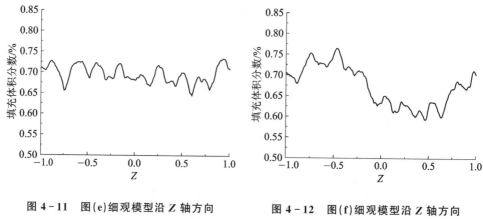

图 4-11　图(e)细观模型沿 Z 轴方向　　图 4-12　图(f)细观模型沿 Z 轴方向
　　　　颗粒面积分数变化　　　　　　　　　　颗粒面积分数变化

考虑到建立复合固体推进剂三维细观模型及采用完全计算细观力学方法的计算量非常大,耗时长,并且图 4-7 至图 4-12 所示模型沿 Z 轴方向各个面上的颗粒面积分数的平均值与复合固体推进剂的填充体积分数是基本相等的,所以也可以考虑从二维细观模型出发,对复合固体推进剂进行研究。

4.2　复合固体推进剂松弛模量预测

目前,在工程上对固体火箭发动机药柱进行结构完整性分析时,线性粘弹性理论仍然被广泛采用,而复合固体推进剂的松弛模量是计算药柱结构完整性的重要参数之一。因此,在发动机的设计过程中,如果能够根据固体推进剂的不同配方而准确地预估固体推进剂的松弛模量,则可以省掉大量的相关试验,从而有效地缩短发动机的设计周期。影响复合固体推进剂松弛模量的因素主要可以分为两类:一类是复合固体推进剂中各组分材料的力学性能;另一类是复合固体推进剂内部微结构特征,包括夹杂的形状、几何尺寸、在基体中的分布等。

本节从复合固体推进剂细观尺度出发,考虑以上两类因素,建立了可以反映复合固体推进剂微结构特征的细观模型,通过采用计算细观力学方法有效地预测了复合固体推进剂的松弛模量。

4.2.1　复合材料模量预估经典理论

1. Eshelby 等效夹杂理论

设想在一个均匀各向同性的无限大弹性体内有一局部区域 Ω,其材料由于某种原因(例如相变),在无约束的情况下将产生一个永久变形 ε_{ij}^{*},Eshelby 将此应变称为相变应变,也有学者称之为本征应变,以涵盖更广泛的非弹性应变一类。由于在区域 Ω 的外部实际上有约束存在,故整个弹性体的位移与应变将是 u_i 与 ε_{ij}。把应变分解为两部分,即

$$\varepsilon_{ij} = e_{ij} + \varepsilon_{ij}^{*} \tag{4-15}$$

其中,e_{ij} 为弹性应变部分,而本征应变 ε_{ij}^{*} 在区域 Ω 的外部取值为零。

根据弹性力学中的胡克定律,弹性体的应力为

$$\sigma_{ij} = C_{ijkl}(\varepsilon_{kl} - \varepsilon_{kl}^{*}) \tag{4-16}$$

将应力表达式(4-16)代入平衡方程中,得

$$C_{ijkl}\varepsilon_{kl,j} = C_{ijkl}\varepsilon_{kl,j}^{*} \tag{4-17}$$

同时,由于弹性体上无外载荷作用,在其外边界上有

$$C_{ijkl}\varepsilon_{kl}n_j = 0 \tag{4-18}$$

由式(4-17)和式(4-18)可以看出,Eshelby 相变问题相当于在弹性体内部作用有分布体力的问题。结合经典弹性力学中 Kelvin 给出的均匀各向同性无限体内单位集中力引起的位移场的静态格林函数

$$G_{im}(\vec{x}, \vec{x}') = \frac{1}{4\pi G} \frac{\delta_{im}}{|\vec{x} - \vec{x}'|} - \frac{1}{16\pi G(1-\mu)} \frac{\partial^2}{\partial x_i \partial x_m} |\vec{x} - \vec{x}'| \tag{4-19}$$

其中,G 为材料剪切模量;$\vec{x}'$ 是单位力的作用点;$\vec{x}$ 是位移的计算点,下标 i 表示位移的方向,m 表示单位力的作用方向;μ 为材料的泊松比。$G_{im}(\vec{x}, \vec{x}')$ 可以理解为在点 $\vec{x}'$ 处沿 x_m 方向加一个单位集中力时,点 $\vec{x}$ 处所产生的位移 x_i 分量。

Eshelby 相变问题的位移场可以表示为

$$u_i = -\int_v C_{mjkl}\varepsilon_{kl,j}^{*} G_{im}(\vec{x}, \vec{x}')\,\mathrm{d}v(\vec{x}') = -\int_v C_{mjkl}\varepsilon_{kl}^{*} G_{im,j}(\vec{x}, \vec{x}')\,\mathrm{d}v(\vec{x}') \tag{4-20}$$

其中，"j"表示对坐标 x_j 求偏导数。

与位移相对应的应变场为

$$\varepsilon_{ij} = \frac{1}{2}(u_{i,j} + u_{j,i}) \qquad (4-21)$$

式（4 - 16）中给出的区域 Ω 中的总应力为

$$\sigma_{pq} = C_{pqmn}\left\{-\int_\Omega C_{klij}\varepsilon_{ji}^* G_{mk,ln}(\vec{x},\vec{x}')\,\mathrm{d}v(\vec{x}') - \varepsilon_{mn}^*(\vec{x})\right\} \qquad (4-22)$$

在基体中 $D-\Omega$ 为

$$\sigma_{pq} = C_{pqmn}\left\{-\int_\Omega C_{klij}\varepsilon_{ji}^* G_{mk,ln}(\vec{x},\vec{x}')\,\mathrm{d}v(\vec{x}')\right\} \qquad (4-23)$$

当夹杂为椭球体时，Eshelby 证明了当本征应变为常数时，椭球体内的应变是均匀的，可以表示为

$$\varepsilon_{ij} = S_{ijkl}\varepsilon_{kl}^* \qquad (4-24)$$

其中，S_{ijkl} 称为 Eshelby 四阶张量，并具有如下性质：

$$\boldsymbol{S}_{ijkl} = \boldsymbol{S}_{jikl} = \boldsymbol{S}_{ijlk} \qquad (4-25)$$

记椭球体的三个主半轴分别为 a_1, a_2, a_3，当椭球的两个主半轴相等，如 $a_2 = a_3$ 时，Eshelby 张量可以简化为

$$\boldsymbol{S}_{1111} = \frac{1}{2(1-\mu_0)}\left[1 - 2\mu_0 + \frac{3\alpha^2-1}{\alpha^2-1} - \left(1 - 2\mu_0 + \frac{3\alpha^2}{\alpha^2-1}\right)g(\alpha)\right] \qquad (4-26)$$

$$\boldsymbol{S}_{2222} = \boldsymbol{S}_{3333}$$
$$= \frac{3}{8(1-\mu_0)}\frac{\alpha^2}{\alpha^2-1} + \frac{1}{4(1-\mu_0)}\left(1 - 2\mu_0 - \frac{9}{4(\alpha^2-1)}\right)g(\alpha) \qquad (4-27)$$

$$\boldsymbol{S}_{2233} = \boldsymbol{S}_{3322} = \frac{1}{4(1-\mu_0)}\left[\frac{\alpha^2}{2(\alpha^2-1)} - \left(1 - 2\mu_0 + \frac{3}{4(\alpha^2-1)}\right)g(\alpha)\right] \qquad (4-28)$$

$$\boldsymbol{S}_{2211} = \boldsymbol{S}_{3311}$$
$$= -\frac{1}{2(1-\mu_0)}\frac{\alpha^2}{\alpha^2-1} + \frac{1}{4(1-\mu_0)}\left(\frac{3\alpha^2}{\alpha^2-1} - (1 - 2\mu_0)\right)g(\alpha) \qquad (4-29)$$

$$S_{1122} = S_{1133}$$

$$= -\frac{1}{2(1-\mu_0)} \left[1 - 2\mu_0 + \frac{1}{\alpha^2 - 1} - \left(1 - 2\mu_0 + \frac{3}{2(\alpha^2 - 1)} \right) g(\alpha) \right]$$

$$(4-30)$$

$$S_{2323} = \frac{1}{4(1-\mu_0)} \left[\frac{\alpha^2}{2(\alpha^2 - 1)} + \left(1 - 2\mu_0 - \frac{3}{4(\alpha^2 - 1)} \right) g(\alpha) \right]$$

$$(4-31)$$

$$S_{1212} = S_{1313}$$

$$= \frac{1}{4(1-\mu_0)} \left[1 - 2\mu_0 - \frac{\alpha^2 + 1}{\alpha^2 - 1} - \frac{1}{2} \left((1 - 2\mu_0) - \frac{3(\alpha^2 + 1)}{\alpha^2 - 1} \right) g(\alpha) \right]$$

$$(4-32)$$

其中，$\alpha = a_1/a_2$；μ_0 为基体泊松比。

$$g(\alpha) = \begin{cases} \left[\alpha(1-\alpha^2)^{-3/2} \right] \left[\arccos(\alpha) - \alpha(1-\alpha^2)^{-1/2} \right], \forall \alpha \in (0,1) \\ \left[\alpha(\alpha^2-1)^{-3/2} \right] \left[\alpha(1-\alpha^2)^{-1/2} - \arccos(\alpha) \right], \forall \alpha \in (0,+\infty) \end{cases}$$

$$(4-33)$$

考虑在弹性常数为 C_{ijkl} 的基体相 $D-\Omega$ 中，存在一个弹性常数为 C_{ijkl}^1 的区域。若 Ω 的形状为椭球体，假定物体无限大，则由此产生的位移和应力的受扰部分等效于 Ω 中本征应变取适当值的椭球体夹杂产生的位移和应力。

令无异性夹杂的 Ω 由均匀的外部应力 σ_{ij}^0 作用产生的位移为 u_i^0，相应的弹性应变为 ε_{ij}^0，由于 Ω 的存在，位移和弹性应变分别变为 $u_i^0 + u'_i$ 和 $\varepsilon_{ij}^0 + \varepsilon'_{ij}$，其内部的应力场变为 $\sigma_{ij}^0 + \sigma'_{ij}$，其中 σ'_{ij} 与 ε'_{ij} 为由于夹杂的存在而产生的扰动应力和应变，满足

在 Ω 内　　　　　$\sigma_{ij}^0 + \sigma'_{ij} = C_{ijkl}^1 (\varepsilon_{kl}^0 + \varepsilon'_{kl})$　　　　$(4-34)$

在 Ω 外　　　　　$\sigma_{ij}^0 + \sigma'_{ij} = C_{ijkl} (\varepsilon_{kl}^0 + \varepsilon'_{kl})$　　　　$(4-35)$

$$\sigma_{ij}^0 = C_{ijkl} \varepsilon_{kl}^0 \qquad (4-36)$$

Eshelby 证明了这种情况下夹杂内部的应力场与应变场是均匀的。设有一个均匀的弹性系数为 C_{ijkl} 的无限大弹性体，它在远场受均匀应力 σ_{ij}^0 的作用，同时在椭球形区域 Ω 内给定一均匀的本征应变 ε_{ij}^*。根据

式(4-16)可得在弹性体内的应力场为

在 Ω 内
$$\sigma_{ij}^0 + \sigma'_{ij} = C_{ijkl}(\varepsilon_{kl}^0 + \varepsilon'_{kl} - \varepsilon_{kl}^*) \tag{4-37}$$

在 Ω 外
$$\sigma_{ij}^0 + \sigma'_{ij} = C_{ijkl}(\varepsilon_{kl}^0 + \varepsilon'_{kl}) \tag{4-38}$$

其中 σ'_{ij} 与 ε'_{ij} 为由于本征应变 ε_{kl}^* 而引起的扰动应力与应变，ε'_{ij} 满足

$$\varepsilon'_{ij} = S_{ijmn}\varepsilon_{mn}^* \tag{4-39}$$

比较式(4-34)和式(4-37)，则有

$$C_{ijkl}^1(\varepsilon_{kl}^0 + \varepsilon'_{kl}) = C_{ijkl}(\varepsilon_{kl}^0 + \varepsilon'_{kl} - \varepsilon_{kl}^*) \tag{4-40}$$

联立求解方程式(4-39)与式(4-40)，可得到等效本征应变 ε_{kl}^*，进而求得夹杂内外的弹性场。

当区域 Ω 为球形时，式(4-34)可分解成

$$\varepsilon_{kk} = \alpha\varepsilon_{kk}^*, \quad \varepsilon_{ij}^p = \beta\varepsilon_{kk}^{*p} \tag{4-41}$$

其中，ε_{ij}^p 与 ε_{kk}^{*p} 为相应的应变偏量，常数 α 与 β 为

$$\alpha = \frac{1}{3}\frac{1+\mu}{1-\mu}, \quad \beta = \frac{2}{15}\frac{4-5\mu}{1-\mu} \tag{4-42}$$

根据式(4-16)，可得

$$[K_0 + \alpha(K_1 - K_0)]\varepsilon_{kk}^* = (K_0 - K_1)\varepsilon_{kk}^0 \tag{4-43}$$

$$[G_0 + \beta(G_1 - G_0)]\varepsilon_{kk}^* = (G_0 - G_1)\varepsilon_{kk}^0 \tag{4-44}$$

其中，K 与 G 分别为体积模量和剪切模量，下标 0 与 1 分别代表基体相与颗粒相。

根据式(4-44)可以求得本征应变，进而可以求得颗粒相中的应变。最后得到复合材料的等效弹性模量关系式为

$$\frac{K-K_0}{K_1-K_0} = \frac{c_1 K_0}{K_0 + \alpha(K_1 - K_0)} \tag{4-45}$$

$$\frac{G-G_0}{G_1-G_0} = \frac{c_1 G_0}{G_0 + \beta(G_1 - G_0)} \tag{4-46}$$

其中，c_1 为颗粒相含量的体积分数。

2. 自洽理论

在计算夹杂内部应力场时，为了考虑其他夹杂的影响，认为这一夹杂单独处于一有效介质中，而夹杂周围有效介质的弹性常数恰好就是复合材

料的弹性常数。设复合材料中的基体与椭球形夹杂的弹性常数张量为 $\boldsymbol{L}_0$ 和 $\boldsymbol{L}_1$，复合材料的有效弹性常数张量为 $\boldsymbol{L}$。根据 Eshelby 等效夹杂理论，在远场均匀应力 $\bar{\sigma}$ 的作用下，夹杂内的应力为

$$\sigma_1 = \boldsymbol{L}(\bar{\varepsilon} + \varepsilon^{pt} - \varepsilon^*) = \bar{\sigma} + \boldsymbol{L}(\boldsymbol{S} - \boldsymbol{I})\varepsilon^* \qquad (4-47)$$

其中，$\boldsymbol{S}$ 为 Eshelby 张量；$\boldsymbol{I}$ 为四阶单位张量；$\bar{\varepsilon}$ 为没有夹杂存在时上述均匀介质中的应变；ε^{pt} 和 ε^* 分别为由于夹杂存在而引起的扰动应变和本征应变。

为表征夹杂外部材料对夹杂变形的约束作用，Hill 引入一个约束张量 $\boldsymbol{L}^*$，它满足

$$\sigma_1 - \bar{\sigma} = -\boldsymbol{L}(\varepsilon_1 - \bar{\varepsilon}) = -\boldsymbol{L}^* \varepsilon^{pt} = -\boldsymbol{L}^* \boldsymbol{S} \varepsilon^* \qquad (4-48)$$

其中，ε_1 为夹杂中的应变。

比较式(4-47)和式(4-48)，可得

$$\boldsymbol{S} = \boldsymbol{P}\boldsymbol{L}, \quad \boldsymbol{P} = (\boldsymbol{L}^* + \boldsymbol{L})^{-1} \qquad (4-49)$$

对于两相复合材料，各相的平均扰动应力与平均扰动应变应分别满足自平衡条件

$$C_1(\bar{\sigma}_1 - \bar{\sigma}) + C_0(\bar{\sigma}_0 - \bar{\sigma}) = 0 \qquad (4-50)$$

$$C_1(\bar{\varepsilon}_1 - \bar{\varepsilon}) + C_0(\bar{\varepsilon}_0 - \bar{\varepsilon}) = 0 \qquad (4-51)$$

其中，$\bar{\sigma}_1$，$\bar{\varepsilon}_1$ 与 $\bar{\sigma}_0$，$\bar{\varepsilon}_0$ 分别为夹杂相与基体相中的平均应力和应变；C_1 和 C_0 为夹杂相与基体相体积分数。因为

$$\bar{\sigma} = \boldsymbol{L}\bar{\varepsilon} = \boldsymbol{L}(C_1\bar{\varepsilon}_1 + C_0\bar{\varepsilon}_0) \qquad (4-52)$$

则式(4-50)可以写为

$$C_1(\bar{\sigma}_1 + \boldsymbol{L}\bar{\varepsilon}_1) + C_0(\bar{\sigma}_0 + \boldsymbol{L}\bar{\varepsilon}_0) = 0 \qquad (4-53)$$

当复合材料中的夹杂相呈单向排列时，式(4-48)中夹杂内的应力和应变 σ_1 与 ε_1 即为 $\bar{\sigma}_1$ 与 $\bar{\varepsilon}_1$，于是

$$\bar{\sigma}_1 - \bar{\sigma} = \boldsymbol{L}^*(\bar{\varepsilon} - \bar{\varepsilon}_1) \qquad (4-54)$$

将式(4-54)代入式(4-50)，可得

$$\bar{\sigma}_0 - \bar{\sigma} = \boldsymbol{L}^*(\bar{\varepsilon} - \bar{\varepsilon}_0) \qquad (4-55)$$

将关系式 $\bar{\sigma}_1 = \boldsymbol{L}_1\bar{\varepsilon}_1$，$\bar{\sigma}_0 = \boldsymbol{L}_0\bar{\varepsilon}_0$ 代入式(4-54)和式(4-55)，可得

$$(\boldsymbol{L}^* + \boldsymbol{L}_1)\bar{\varepsilon}_1 = (\boldsymbol{L}^* + \boldsymbol{L}_0)\bar{\varepsilon}_0 = (\boldsymbol{L}^* + \boldsymbol{L})\bar{\varepsilon} = \boldsymbol{P}^{-1}\bar{\varepsilon} \quad (4-56)$$

令 $$\bar{\varepsilon}_1 = \boldsymbol{A}_1\bar{\varepsilon}, \quad \bar{\varepsilon}_0 = \boldsymbol{A}_0\bar{\varepsilon}$$

其中,$\boldsymbol{A}_1$ 和 $\boldsymbol{A}_0$ 的逆分别为

$$\boldsymbol{A}_1^{-1} = \boldsymbol{P}(\boldsymbol{L}^* + \boldsymbol{L}_1) = \boldsymbol{I} + \boldsymbol{P}(\boldsymbol{L}_1 - \boldsymbol{L})$$

$$\boldsymbol{A}_0^{-1} = \boldsymbol{P}(\boldsymbol{L}^* + \boldsymbol{L}_0) = \boldsymbol{I} + \boldsymbol{P}(\boldsymbol{L}_0 - \boldsymbol{L})$$

因此,式(4-53)可以表示成

$$C_1\left[(\boldsymbol{L}_1 - \boldsymbol{L})^{-1} + \boldsymbol{P}\right]^{-1} + C_0\left[(\boldsymbol{L}_0 - \boldsymbol{L})^{-1} + \boldsymbol{P}\right]^{-1} = 0 \quad (4-57)$$

对式(4-57)求逆,可得

$$C_1(\boldsymbol{L} - \boldsymbol{L}_2)^{-1} + C_0(\boldsymbol{L} - \boldsymbol{L}_1)^{-1} = \boldsymbol{P} \quad (4-58)$$

若夹杂为球形颗粒,则式(4-58)可以分解为体积变形部分及剪切变形部分,则其体积模量和剪切模量可以通过下式进行求解:

$$\frac{C_1}{K - K_0} + \frac{C_2}{K - K_1} = \frac{\alpha}{K} \quad (4-59)$$

$$\frac{C_1}{G - G_0} + \frac{C_2}{G - G_1} = \frac{\beta}{G} \quad (4-60)$$

3. Mori-Tanaka 方法

设给定的复合材料在其边界上受到远场均匀的应力 σ^0 的作用。另外有一形状相同的均质材料,其弹性性质与上述复合材料的基体弹性性质相同,在同样的外力作用下它的本构关系为

$$\sigma^0 = \boldsymbol{L}_0\varepsilon^0 \quad (4-61)$$

其中,$\boldsymbol{L}_0$ 是基体材料的弹性常数张量。

由于夹杂相的存在,夹杂相间的相互作用将产生一个扰动应变 $\tilde{\varepsilon}$,实际复合材料基体的平均应变不同于 ε^0。复合材料基体中的平均应力为

$$\sigma^0 = \sigma^0 + \tilde{\sigma} = \boldsymbol{L}_0(\varepsilon^0 + \tilde{\varepsilon}) \quad (4-62)$$

显然,基体中应力的扰动部分为 $\tilde{\sigma} = \boldsymbol{L}_0\tilde{\varepsilon}$。

由于材料弹性性质的差别,故在外力场作用下复合材料夹杂相内的平均应力与平均应变不同于基体内的相应平均值,它们的差值为 σ' 与 ε'。这个在基体平均背应力 $\sigma^0 + \tilde{\sigma}$ 基础上夹杂的应力扰动问题可以用 Eshelby 等效夹杂原理来处理,即

$$\sigma^{(1)} = \sigma^0 + \tilde{\sigma} + \sigma' = \boldsymbol{L}_1(\varepsilon^0 + \tilde{\varepsilon} + \varepsilon') = \boldsymbol{L}_0(\varepsilon^0 + \tilde{\varepsilon} + \varepsilon' - \varepsilon^*)$$

$$(4-63)$$

其中，$\boldsymbol{L}_1$ 为夹杂相的弹性常数张量；ε^* 为夹杂的等效本征应变。σ' 与 ε' 为由于单个夹杂的存在引起的扰动应力与应变。

沿用 Eshelby 的推导结果有

$$\varepsilon' = \boldsymbol{S}\varepsilon^* \qquad (4-64)$$

联合式(4-62)，式(4-63)和式(4-64)，可求得

$$\sigma' = \boldsymbol{L}_0(\varepsilon' - \varepsilon^*) = \boldsymbol{L}_0(\boldsymbol{S} - \boldsymbol{I})\varepsilon^* \qquad (4-65)$$

根据复合材料的体积平均应力应等于其远场作用的均匀应力 σ^0，于是可得

$$\sigma^0 = (1 - C_1)\sigma^{(0)} + C_1\sigma^{(1)} \qquad (4-66)$$

其中，C_1 为夹杂相的体积分数。

根据式(4-62)与式(4-63)，可知

$$\tilde{\sigma} = -C_1\sigma' \qquad (4-67)$$

$$\tilde{\varepsilon} = -C_1(\varepsilon' - \varepsilon^*) = -C_1(\boldsymbol{S} - \boldsymbol{I})\varepsilon^* \qquad (4-68)$$

将式(4-64)与式(4-68)代入式(4-63)，可以解得

$$\varepsilon^* = \boldsymbol{A}\varepsilon^0 \qquad (4-69)$$

其中　　$\boldsymbol{A} = \{\boldsymbol{L}_0 + (\boldsymbol{L}_1 - \boldsymbol{L}_0)[C_1\boldsymbol{I} + (1 - C_1)\boldsymbol{S}]\}^{-1}(\boldsymbol{L}_0 - \boldsymbol{L}_1)$

同样，对于复合材料内部的体平均应变场 $\bar{\varepsilon}$ 有

$$\bar{\varepsilon} = (1 - C_1)\varepsilon^{(0)} + C_1\varepsilon^{(1)} = \varepsilon^0 + C_1\varepsilon^* = (\boldsymbol{I} + C_1\boldsymbol{A})\boldsymbol{L}_0^{-1}\sigma^0 \qquad (4-70)$$

于是，可得到复合材料的等效弹性模量为

$$\boldsymbol{L} = \boldsymbol{L}_0(\boldsymbol{I} + C_1\boldsymbol{A})^{-1} \qquad (4-71)$$

若夹杂为球形颗粒，则复合材料的等效体积模量与等效剪切模量分别为

$$\frac{K}{K_0} = 1 + \frac{C_1(K_1 - K_0)}{K_0 + \alpha(1 - C_1)(K_1 - K_0)} \qquad (4-72)$$

$$\frac{G}{G_0} = 1 + \frac{C_1(G_1 - G_0)}{G_0 + \beta(1 - C_1)(G_1 - G_0)} \qquad (4-73)$$

4.2.2　基于有限元方法的计算细观力学方法

随着计算机的发展，有限元数值计算方法已经可以解决各种形状复杂

的结构承受复杂载荷的问题,在材料及结构力学领域得到了相当广泛的应用。在细观力学方面,可以建立出反映复合固体推进剂真实微结构特征的计算模型,通过夹杂直径尺度下的完整应力、应变场来分析复合固体推进剂的宏观应力、应变特征,从而预估材料的等效宏观力学性能。在预估复合固体推进剂的力学性能之前,首先要确定一个代表性体积单元,该单元具有两个比较明显的特点,一是代表性体积单元要满足周期性分布的边界条件,二是需要满足尺寸的二重性:一方面,从宏观上讲,其尺寸足够小,可以看作一个材料质点,因而其宏观应力场可视为均匀的;另一方面,从细观角度讲,其尺寸足够大,包含足够多的结构信息,可以体现材料的统计平均性质,如图 4-13 所示。

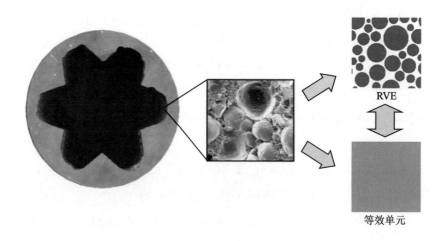

图 4-13　代表性体积单元示意图

当建立了复合固体推进剂的代表性体积单元的二维或三维几何模型后,必须要对模型进行良好的网格划分,才能够对材料的细观模型进行有限元计算。因为网格的质量直接影响计算的收敛速度和精度。采用分子动力学方法建立材料的细观模型,可能存在两个或多个颗粒之间的距离非常小的问题,这一点非常不利于模型的网格划分,因此,在建模计算时往往将颗粒的最终半径略微放大,在计算结束后,再将颗粒半径恢复到与原来一致,如图 4-14 所示。例如,假设颗粒等效粒径为 $300~\mu m$,颗粒体积分数为 60%,代表性体积单元内含 300 个颗粒,则二维模型的代表性体积单元大小为 5.945 mm。若在建模计算过程中,将颗粒粒径扩大 1.02 倍,则颗粒扩大后的等效粒径为 306 μm,计算过程中颗粒体积分数变为 62.424%。在建模过程中,颗粒体积分数越大,则计算时间越长,因此在放大颗粒粒径时,能满足良好的网格划分条件即可。

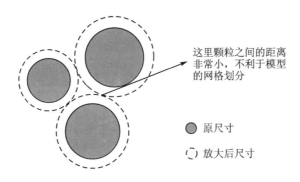

这里颗粒之间的距离非常小,不利于模型的网格划分

● 原尺寸
⬭ 放大后尺寸

图 4 - 14　颗粒粒径放大示意图

对于二维颗粒夹杂模型,当代表性体积单元受载荷作用时,其面积平均应力和应变可根据式(4 - 74)和式(4 - 75)计算。

$$\bar{\sigma}_{ij} = \frac{1}{S} \int_S \sigma_{ij} \, \mathrm{d}S \tag{4-74}$$

$$\bar{\varepsilon}_{ij} = \frac{1}{S} \int_S \varepsilon_{ij} \, \mathrm{d}S \tag{4-75}$$

本书中对二维代表性体积单元划分网格时,采用的是四节点四边形网格和三节点三角形网格的混合网格划分,如图 4 - 15 所示。二维颗粒夹杂模型的面积平均应力和应变可以通过每一个三角形网格和每一个四边形网格的平均应力和平均应变来确定,即

$$\bar{\sigma}_{ij} = \sum_{m=1}^{N_{\mathrm{tri}}} \bar{\sigma}_{ij}^{m_{\mathrm{tri}}} \frac{S_m^{\mathrm{tri}}}{S_{RVE}} + \sum_{n=1}^{N_{\mathrm{quad}}} \bar{\sigma}_{ij}^{n_{\mathrm{quad}}} \frac{S_n^{\mathrm{quad}}}{S_{RVE}} \tag{4-76}$$

$$\bar{\varepsilon}_{ij} = \sum_{m=1}^{N_{\mathrm{tri}}} \bar{\varepsilon}_{ij}^{m_{\mathrm{tri}}} \frac{S_m^{\mathrm{tri}}}{S_{RVE}} + \sum_{n=1}^{N_{\mathrm{quad}}} \bar{\varepsilon}_{ij}^{n_{\mathrm{quad}}} \frac{S_n^{\mathrm{quad}}}{S_{RVE}} \tag{4-77}$$

其中,$\bar{\sigma}_{ij}^{m_{\mathrm{tri}}}$ 和 $\bar{\varepsilon}_{ij}^{m_{\mathrm{tri}}}$ 分别表示第 m 个三角形单元的平均应力和平均应变;$\bar{\sigma}_{ij}^{n_{\mathrm{quad}}}$ 和 $\bar{\varepsilon}_{ij}^{n_{\mathrm{quad}}}$ 分别表示第 n 个四边形单元的平均应力和平均应变;N_{tri} 和 N_{quad} 分别表示代表性体积单元内的三角形单元和四边形单元数量;S_m^{tri},

S_n^{quad} 和 S_{RVE} 分别表示第 m 个三角形单元,第 n 个四边形单元及整个代表性体积单元的面积。

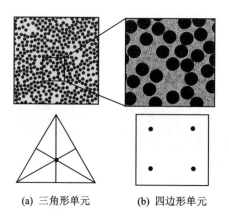

(a) 三角形单元   (b) 四边形单元

图 4-15　二维代表性体积单元网格划分及单元类型

对于线性三角形单元,其仅含一个数值积分点,则应力和应变的面积积分为

$$\int_S \sigma_{ij}^m \mathrm{d}S = S \sum W_i \sigma^m (L_1 L_2 L_3) = \frac{S}{3}(\sigma_1^m + \sigma_2^m + \sigma_3^m) \qquad (4-78)$$

$$\int_S \varepsilon_{ij}^m \mathrm{d}S = S \sum W_i \varepsilon^m (L_1 L_2 L_3) = \frac{S}{3}(\varepsilon_1^m + \varepsilon_2^m + \varepsilon_3^m) \qquad (4-79)$$

对于四边形单元,其应力和应变的面积积分为

$$\bar{\sigma}_{ij}^n = \sum_I \sigma_{ij}^{n_I} |J(I)| W(I) \qquad (4-80)$$

$$\bar{\varepsilon}_{ij}^n = \sum_I \varepsilon_{ij}^{n_I} |J(I)| W(I) \qquad (4-81)$$

其中,$W(I)=1$,$\sigma_{ij}^{n_I}$ 和 $\varepsilon_{ij}^{n_I}$ 表示第 n 个四边形单元内的应力和应变数值积分点的值,雅可比矩阵为

$$[J] = \begin{bmatrix} \dfrac{\partial x}{\partial \xi} & \dfrac{\partial y}{\partial \xi} & \dfrac{\partial z}{\partial \xi} \\[2mm] \dfrac{\partial x}{\partial \eta} & \dfrac{\partial y}{\partial \eta} & \dfrac{\partial z}{\partial \eta} \\[2mm] \dfrac{\partial x}{\partial \zeta} & \dfrac{\partial y}{\partial \zeta} & \dfrac{\partial z}{\partial \zeta} \end{bmatrix} = \begin{bmatrix} \sum \dfrac{\partial N_i}{\partial \xi} x_i & \sum \dfrac{\partial N_i}{\partial \xi} y_i & \sum \dfrac{\partial N_i}{\partial \xi} z_i \\[2mm] \sum \dfrac{\partial N_i}{\partial \eta} x_i & \sum \dfrac{\partial N_i}{\partial \eta} y_i & \sum \dfrac{\partial N_i}{\partial \eta} z_i \\[2mm] \sum \dfrac{\partial N_i}{\partial \zeta} x_i & \sum \dfrac{\partial N_i}{\partial \zeta} y_i & \sum \dfrac{\partial N_i}{\partial \zeta} z_i \end{bmatrix}$$

$$= \begin{bmatrix} \dfrac{\partial N_1}{\partial \xi} & \dfrac{\partial N_2}{\partial \xi} & \cdots & \dfrac{\partial N_2}{\partial \xi} \\[2ex] \dfrac{\partial N_1}{\partial \eta} & \dfrac{\partial N_2}{\partial \eta} & \cdots & \dfrac{\partial N_m}{\partial \eta} \\[2ex] \dfrac{\partial N_1}{\partial \zeta} & \dfrac{\partial N_2}{\partial \zeta} & \cdots & \dfrac{\partial N_3}{\partial \zeta} \end{bmatrix} \begin{bmatrix} x_1 & y_1 & z_1 \\ x_2 & y_2 & z_2 \\ \vdots & \vdots & \vdots \\ x_m & y_m & z_m \end{bmatrix} \qquad (4-82)$$

四边形单元形函数为

$$\begin{cases} N_1 = \dfrac{1}{4}(1+\xi)(1+\eta) \\[2ex] N_2 = \dfrac{1}{4}(1-\xi)(1+\eta) \\[2ex] N_3 = \dfrac{1}{4}(1-\xi)(1-\eta) \\[2ex] N_4 = \dfrac{1}{4}(1+\xi)(1-\eta), \quad i=1,2,3,4 \end{cases} \qquad (4-83)$$

根据代表性体积单元的体积平均应力和平均应变,即可得到宏观上材料内一点的应力、应变状态。假设材料为各向同性均匀材料,则其应力应变满足广义胡克定律。

$$\bar{\varepsilon}_{11} = \frac{1}{E}\left[\bar{\sigma}_{11} - \mu(\bar{\sigma}_{22} + \bar{\sigma}_{33})\right] \qquad (4-84)$$

$$\bar{\varepsilon}_{22} = \frac{1}{E}\left[\bar{\sigma}_{22} - \mu(\bar{\sigma}_{33} + \bar{\sigma}_{11})\right] \qquad (4-85)$$

根据式(4-84)和式(4-85),即可求解出该复合材料的等效弹性模量。

4.2.3　AP/HTPB 复合固体推进剂松弛模量预测

所研究的复合固体推进剂由 AP 颗粒和基体组成,AP 颗粒等效粒径为 150 μm,具体粒径分布参考文献[47]。为研究不同颗粒体积分数对复合固体推进剂松弛模量的影响,采用相同的粒径分布,分别对 AP 体积分数为 50%,55%,60%,65%,70%,75%,79% 的复合固体推进剂细观模型进行建模,各建立 8 个细观模型,如图 4-16 至图 4-22 所示。

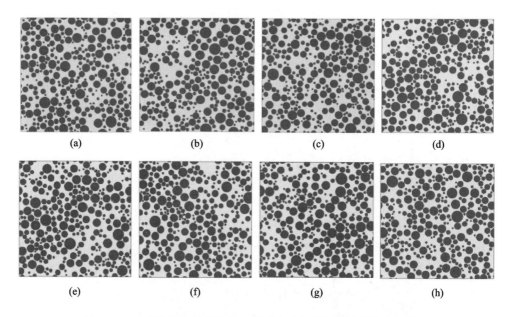

图 4 - 16 AP 颗粒体积分数为 50％的复合固体推进剂颗粒夹杂模型

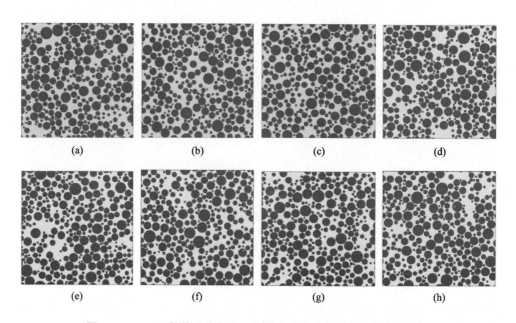

图 4 - 17 AP 颗粒体积分数为 55％的复合固体推进剂颗粒夹杂模型

　　固体推进剂基体具有粘弹性材料的基本性质,属于橡胶材料范围,是导致固体推进剂具有粘弹性的根本原因。因此,在计算过程中要充分考虑固体推进剂基体的材料特性。根据文献[48]中的基体应力松弛试验数据,

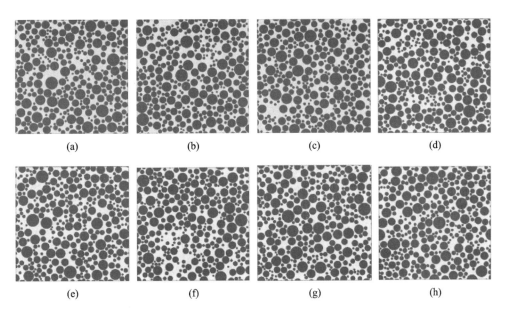

(a)　　　　　　(b)　　　　　　(c)　　　　　　(d)

(e)　　　　　　(f)　　　　　　(g)　　　　　　(h)

图 4 - 18　AP 颗粒体积分数为 60% 的复合固体推进剂颗粒夹杂模型

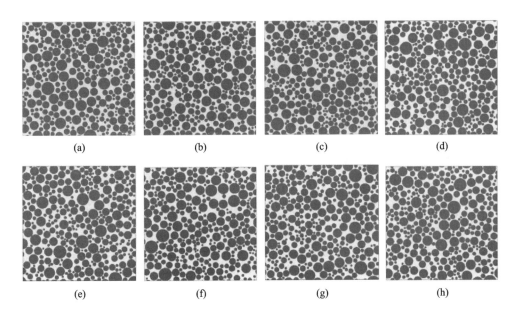

(a)　　　　　　(b)　　　　　　(c)　　　　　　(d)

(e)　　　　　　(f)　　　　　　(g)　　　　　　(h)

图 4 - 19　AP 颗粒体积分数为 65% 的复合固体推进剂颗粒夹杂模型

假设基体满足线性粘弹性本构方程,其松弛模量表达式为

$$E(t) = E_0 \left(\alpha_0 + \alpha_1 e^{-t} + \alpha_2 e^{\frac{-t}{10}} + \alpha_3 e^{\frac{-t}{100}} + \alpha_4 e^{\frac{-t}{1000}} \right) \qquad (4-86)$$

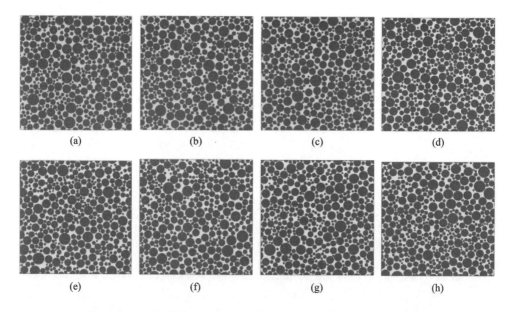

图 4-20　AP 颗粒体积分数为 70％的复合固体推进剂颗粒夹杂模型

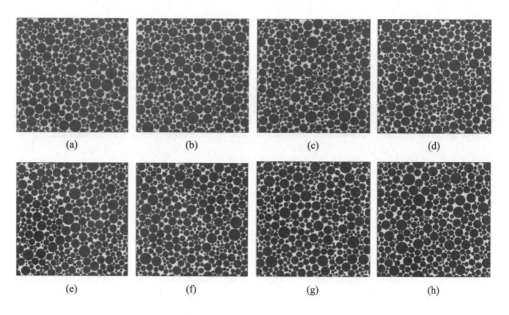

图 4-21　AP 颗粒体积分数为 75％的复合固体推进剂颗粒夹杂模型

根据式(4-86)拟合其松弛模量曲线,如图 4-23 所示。

根据文献[49],假设 AP 颗粒为弹性体,取其弹性模量和泊松比分别为:$E=32\ 450$ MPa,$\nu=0.143\ 3$。图 4-23 中的拟合结果为

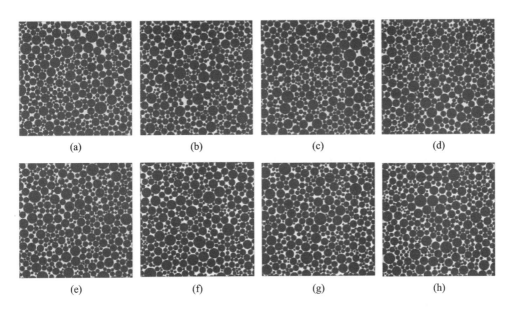

(a)　　　　　　(b)　　　　　　(c)　　　　　　(d)

(e)　　　　　　(f)　　　　　　(g)　　　　　　(h)

图 4 - 22　AP 颗粒体积分数为 79% 的复合固体推进剂颗粒夹杂模型

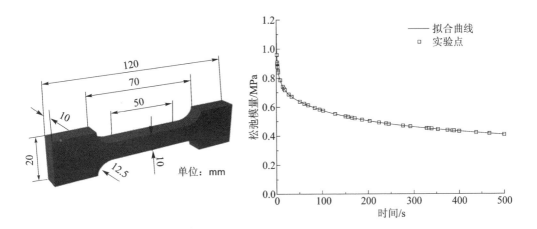

图 4 - 23　复合固体推进剂基体应力松弛试验数据及拟合结果

$$E(t) = 1.123\,33\big(0.181\,114 + 0.203\,001e^{-t} + 0.147\,41e^{\frac{-t}{10}} +$$

$$0.169\,329e^{\frac{-t}{100}} + 0.299\,146e^{\frac{-t}{1\,000}}\big) \tag{4 - 87}$$

各模型采用三节点三角形单元和四节点四边形单元混合网格进行网格划分,以 AP 颗粒含量为 50% 时的模型(a)为例,如图 4 - 24 所示。

对复合固体推进剂细观模型施加轴向 2% 的定应变载荷,利用有限元

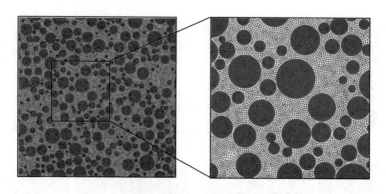

图 4 - 24   AP 颗粒含量为 50%时模型(a)的网格划分

法计算模型的应力松弛,应力松弛时间为 500 s。图 4 - 25 至图 4 - 31 为体积分数不同的复合固体推进剂颗粒夹杂模型(a)在 0 s 和 500 s 时,在受载方向上的应力和应变分布。

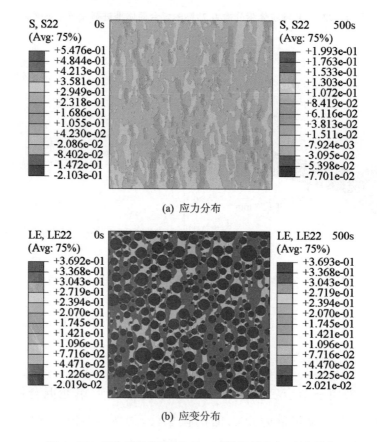

(a) 应力分布

(b) 应变分布

图 4 - 25   复合固体推进剂(AP 50%)细观应力、应变分布

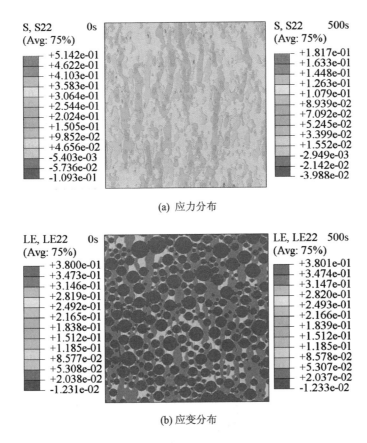

图 4-26 复合固体推进剂(AP 55%)细观应力、应变分布

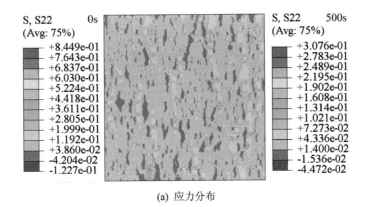

图 4-27 复合固体推进剂(AP 60%)细观应力、应变分布

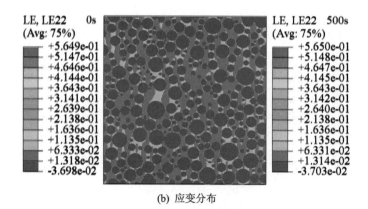

(b) 应变分布

图 4 – 27　复合固体推进剂(AP 60%)细观应力、应变分布(续)

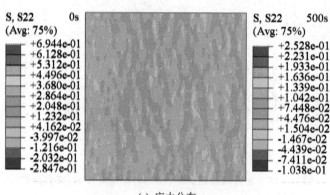

(a) 应力分布

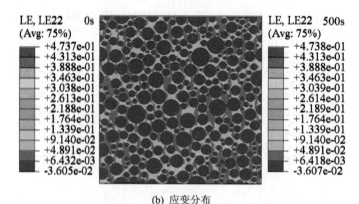

(b) 应变分布

图 4 – 28　复合固体推进剂(AP 65%)细观应力、应变分布

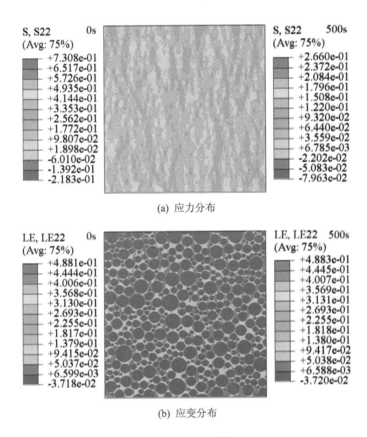

(a) 应力分布

(b) 应变分布

图 4-29　复合固体推进剂(AP 70%)细观应力、应变分布

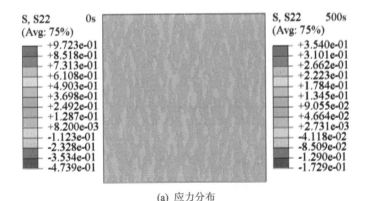

(a) 应力分布

图 4-30　复合固体推进剂(AP 75%)细观应力、应变分布

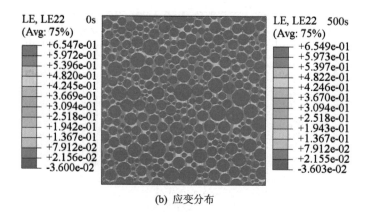

(b) 应变分布

图 4 - 30　复合固体推进剂(AP 75%)细观应力、应变分布(续)

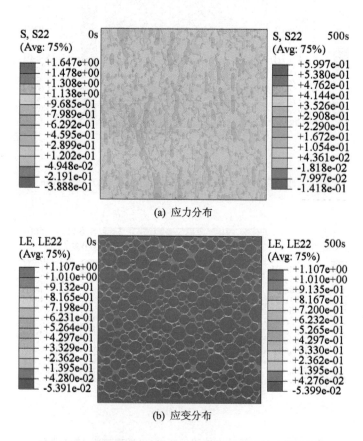

(a) 应力分布

(b) 应变分布

图 4 - 31　复合固体推进剂(AP 79%)细观应力、应变分布

从图 4-25 至图 4-31 可以看出,由于颗粒夹杂的存在,受载方向的应力呈条纹状分布。从整体来看,随着 AP 颗粒体积分数的增加,应力水平逐渐增大,并且应力和应变的最大值基本呈上升趋势,除了图 4-27 计算的应力和应变的最大值略高于 AP 体积分数为 65% 和 70% 的计算结果。这主要是由于颗粒的随机分布使得图 4-27 中应力、应变最大值附近的两颗粒之间间距太小,再结合周围颗粒的影响,造成了这一结果。从应力的松弛时间来看,由于基体材料的粘弹特性,故复合固体推进剂具有明显的松弛效应。从应变值在 0 s 和 500 s 的分布来看,虽然复合固体推进剂各细观模型的整体宏观应变不变,但各模型的最大、最小应变值的绝对值都略有增大。这主要是由于复合固体推进剂颗粒夹杂的复杂结构使基体材料在局部应力的影响下产生了蠕变效应。

根据粘弹性–弹性对应原理,可求解出各个模型的等效松弛模量,如图 4-32 至图 4-38 所示。

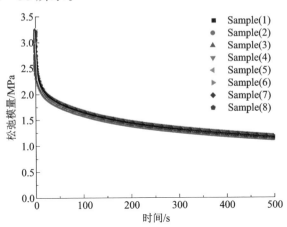

图 4-32 复合固体推进剂(AP 50%)松弛模量

从图 4-32 至图 4-38 可以看出,复合固体推进剂各细观模型计算出的松弛模量曲线与图 4-23 中基体的松弛模量曲线非常相似,在对这些数据按式(4-86)进行非线性拟合时发现,虽然各个模型的 AP 颗粒体积分数并不相同,但拟合结果中对应的 $\alpha_0,\alpha_1,\alpha_2,\alpha_3,\alpha_4$ 非常接近。并且文献[50]中指出,填充颗粒的增强作用主要体现在复合固体推进剂松弛模量的 E_0 值上。考虑以上原因,假设随着颗粒体积分数的增加,松弛模量的变化

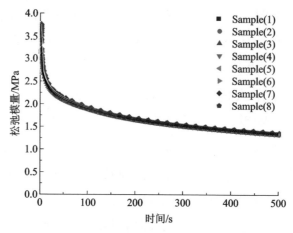

图 4-33　复合固体推进剂(AP 55%)松弛模量

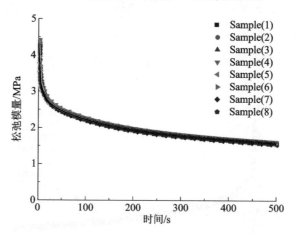

图 4-34　复合固体推进剂(AP 60%)松弛模量

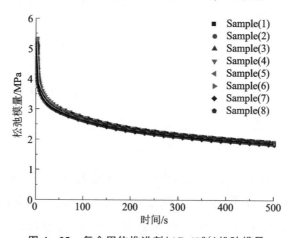

图 4-35　复合固体推进剂(AP 65%)松弛模量

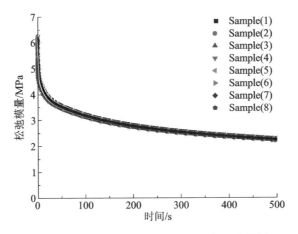

图 4 - 36　复合固体推进剂(AP 70%)松弛模量

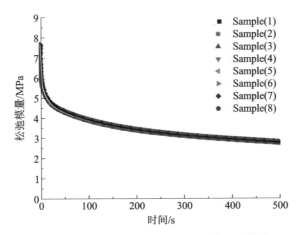

图 4 - 37　复合固体推进剂(AP 75%)松弛模量

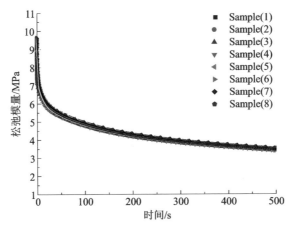

图 4 - 38　复合固体推进剂(AP 79%)松弛模量

主要体现在 E_0 的变化,对图 4-32 至图 4-38 中的数据利用下式进行非线性拟合:

$$E(t) = E_0 \Big(0.181\,114 + 0.203\,001\mathrm{e}^{-t} + 0.147\,41\mathrm{e}^{\frac{-t}{10}} +$$

$$0.169\,329\mathrm{e}^{\frac{-t}{100}} + 0.299\,146\mathrm{e}^{\frac{-t}{1\,000}} \Big) \qquad (4-88)$$

图 4-39 所示为拟合结果的标准误差,从图中可以看出,随着体积分数的增大,标准误逐渐增大,并且标准误差的分散性变大。但从标准误差的数值上可以发现,当体积分数小于 75% 时,标准误差的量级在 10^{-5} 左右,只有当体积分数为 79% 时,标准误差的数量级在 10^{-4} 左右,并且所有曲线的拟合优度均为 1。由此可见采用式(4-88)来拟合图 4-32 至图 4-38 中的计算结果非常准确,这说明当基体为线性粘弹性材料,颗粒夹杂为弹性体时,颗粒夹杂体积分数的改变仅体现在 E_0 的变化上。图 4-40 至图 4-46 为 E_0 的拟合结果,图 4-47 所示为 E_0 的均值和标准差随颗粒填充体积分数的变化。从图 4-40 至图 4-46 可以看出,随着颗粒体积分数的增加,复合固体推进剂的等效瞬时模量逐渐增大。从同一颗粒填充体积分数的固体推进剂的不同颗粒夹杂模型的计算结果可以看出,颗粒随机分布的影响使得计算结果略有波动,但差异很小,这也说明了本书中所选取的代表性体积单元尺寸是合适的。

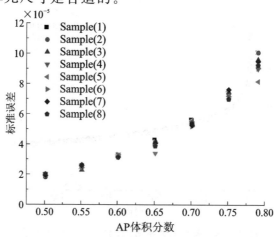

图 4-39 复合固体推进剂松弛模量非线性曲线拟合标准误差

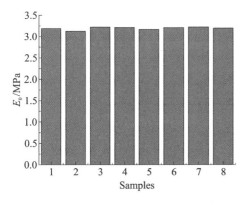

图 4 - 40　复合固体推进剂 (AP 50%)
瞬时模量 E_0

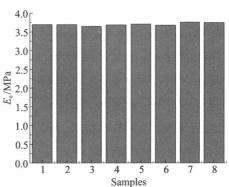

图 4 - 41　复合固体推进剂 (AP 55%)
瞬时模量 E_0

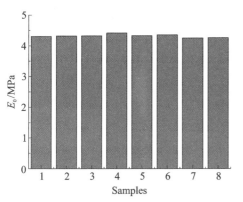

图 4 - 42　复合固体推进剂 (AP 60%)
瞬时模量 E_0

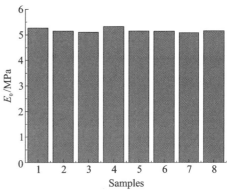

图 4 - 43　复合固体推进剂 (AP 65%)
瞬时模量 E_0

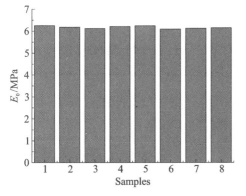

图 4 - 44　复合固体推进剂 (AP 70%)
瞬时模量 E_0

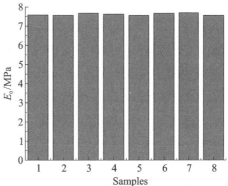

图 4 - 45　复合固体推进剂 (AP 75%)
瞬时模量 E_0

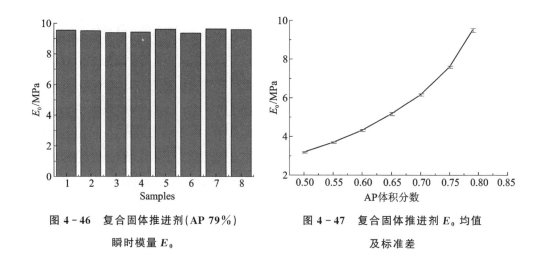

图 4 - 46　复合固体推进剂(AP 79%)　　　图 4 - 47　复合固体推进剂 E_0 均值
　　　　　瞬时模量 E_0　　　　　　　　　　　　　　及标准差

4.3　复合固体推进剂热物理性质预测

在固体火箭发动机的药形设计过程中,复合固体推进剂的导热系数和比热是非常重要的参数。如何更准确地预测出配方不同的复合固体推进剂的导热系数及比热,一直是许多学者非常关心的问题。本节从复合固体推进剂的细观尺度出发,根据复合固体推进剂的微结构特征,并结合计算细观力学方法,对不同组分的复合固体推进剂的导热系数和比热进行了研究。

4.3.1　复合固体推进剂热物理性质的计算方法

选择复合固体推进剂的代表性体积单元如图 4 - 13 所示,一方面,从宏观上讲,该单元尺寸足够小,可以看作一个材料质点,因而其宏观的温度场及热流密度的分布可视为均匀的;另一方面,从细观尺度讲,其尺寸足够大,包含足够多的结构信息,可以体现材料的统计平均性质。于是,可以认为存在一个各向同性的均匀材料的细观单元与所选取的复合固体推进剂代表性体积单元是等效的,即等效单元的热物理性质和代表性体积单元所表现的宏观热物理性质是等效的。因此,可以在复合固体推进剂颗粒夹杂模型的基础上,结合有限单元法及一维热传导理论对复合固体推进剂的热物理性质进行预测。

1. 基于一维稳态热传导的计算方法

假设一个由匀质材料构成的单元,边长等于 δ,上下边分别维持均匀一致的温度 t_{w1} 和 t_{w2}。设单元材料的导热系数 λ 在此温度范围内被视为常数,且单元内无内热源,则根据稳态热传导公式可得单元内部的温度和热流密度分布为

$$t(x) = t_{w1} - \frac{t_{w1} - t_{w2}}{\delta} x \qquad (4-89)$$

$$q = \frac{\lambda}{\delta}(t_{w1} - t_{w2}) \qquad (4-90)$$

由式(4-90)可知,在稳态热传导过程中,热流密度并不是 x 的函数,由于通过单元内 x 方向任何一个等温面的热流密度是相等的,即当计算边界条件确定时,在各向同性均匀材料内,热流密度的分布是一恒定值。因此,若得知复合固体推进剂细观模型的平均热流密度,则可以计算出复合固体推进剂的等效导热系数。可见,在对复合固体推进剂代表性体积单元的稳态热传导进行有限元计算后,结合均匀化方法,求解出颗粒夹杂模型的平均热流密度,即可计算出复合固体推进剂的等效导热系数。

2. 基于一维瞬态热传导的计算方法

从固体推进剂中取出一个边长为 L 的代表性体积单元。该单元具有初始温度 T_i,在 $x=0$ 处(代表性体积单元的底部)突然施加温度载荷 T_f,其他边界绝热,由于固体推进剂内部导热阻的作用,其内部各点的温度将随时间而变化。

根据导热微分方程的一般形式,该问题导热微分方程可写为

$$\frac{1}{a} \frac{\partial T}{\partial \tau} = \frac{\partial^2 T}{\partial x^2} \qquad (4-91)$$

引入过余温度 $\theta = T - T_f$,则上式可以改写为

$$\frac{1}{a} \frac{\partial \theta}{\partial \tau} = \frac{\partial^2 \theta}{\partial x^2} \qquad (4-92)$$

其中,a 为导温系数 $a = \lambda / \rho c$,λ 为导热系数,ρ 为密度,c 为比热。

为方便求解方程(4-92),将研究的热传导问题简化为沿 x 轴向,固体

推进剂的宽度为 $2L$,且两边具有相同的温度边界 T_f,如图 4-48 所示。

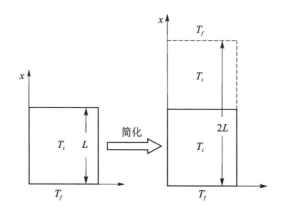

图 4-48　一维瞬态热传导理论求解简化模型示意图

问题简化为如图 4-48 所示的模型时,其初始条件和边界条件如下:
$\tau=0$ 时,在 $0<x\leq 2L$ 内

$$\theta = T_i - T_f = \theta_i \tag{4-93}$$

$\tau>0$ 时,在 $x=0$ 处

$$\theta = 0 \tag{4-94}$$

$\tau>0$ 时,在 $x=2L$ 处

$$\theta = 0 \tag{4-95}$$

应用分离变量法,假定方程具有乘积解 $\theta T(x,\tau) = X(x)\Gamma(x)$。则有以下两个常微分方程:

$$\frac{\mathrm{d}^2 X}{\mathrm{d}x^2} + \beta^2 X = 0 \tag{4-96}$$

$$\frac{\mathrm{d}\Gamma}{\mathrm{d}\tau} + a\beta^2 \Gamma = 0 \tag{4-97}$$

其中,β^2 是分离常数。

为了满足边界条件,β^2 必须大于零。这样方程式的解为

$$\theta = [C_1 \cos(\beta x) + C_2 \sin(\beta x)]\,\mathrm{e}^{-\beta^2 a\tau} \tag{4-98}$$

由边界条件(4-94),对于 $\tau>0$ 得到 $C_1=0$;因为 C_2 不可能同时也为零,由边界条件式(4-95)求得

$$\sin(2L\beta)=0，\quad \beta=\frac{n\pi}{2L}，\quad n=1,2,3,\cdots \qquad (4-99)$$

因此解的级数形式可以写为

$$\theta=\sum_{n=1}^{\infty}C_n\mathrm{e}^{-\left(\frac{n\pi}{2L}\right)^2 a\tau}\sin\left(\frac{n\pi x}{2L}\right) \qquad (4-100)$$

可以看出这是傅里叶正弦级数，常数 C_n 可由初始条件求出

$$C_n=\frac{1}{L}\int_0^{2L}\theta_i\sin\left(\frac{n\pi}{2L}\right)\mathrm{d}x=\frac{4\theta_i}{n\pi}，\quad n=1,3,5,\cdots \qquad (4-101)$$

最终的级数解为

$$\frac{\theta}{\theta_i}=\frac{T-T_f}{T_i-T_f}=\frac{4}{\pi}\sum_{n=1}^{\infty}\frac{1}{n}\mathrm{e}^{-\left(\frac{n\pi}{2L}\right)^2 a\tau}\sin\left(\frac{n\pi x}{2L}\right)，\quad n=1,3,5,\cdots$$

$$(4-102)$$

可求得瞬态温度场为

$$T(x,\tau)=\frac{4}{\pi}(T_i-T_f)\sum_{n=1}^{\infty}\frac{1}{n}\mathrm{e}^{-\left(\frac{n\pi}{2L}\right)^2 a\tau}\sin\left(\frac{n\pi x}{2L}\right)+T_f，\quad n=1,3,5,\cdots$$

$$(4-103)$$

根据傅里叶定律：

$$q=-\lambda\frac{\mathrm{d}T}{\mathrm{d}x} \qquad (4-104)$$

结合式(4-103)可得瞬态热流密度场为

$$q(x,\tau)=\frac{2\lambda}{L}(T_f-T_i)\sum_{n=1}^{\infty}\mathrm{e}^{-\left(\frac{n\pi}{2L}\right)^2 a\tau}\cos\left(\frac{n\pi x}{2L}\right)，\quad n=1,3,5,\cdots$$

$$(4-105)$$

根据式(4-103)求出固体推进剂代表性体积单元的平均温度为

$$\overline{T}(\tau)=\frac{\displaystyle\int_0^L T(x,\tau)}{L}$$

$$=\frac{4}{\pi L}(T_i-T_f)\sum_{n=1}^{\infty}\frac{1}{n}\mathrm{e}^{-\left(\frac{n\pi}{2L}\right)^2 a\tau}\int_0^L\sin\left(\frac{n\pi x}{2L}\right)\mathrm{d}x+\frac{\displaystyle\int_0^L T_f\mathrm{d}x}{L}$$

$$n=1,3,5,\cdots \qquad (4-106)$$

即

$$\overline{T}(\tau) = \frac{8}{\pi}(T_i - T_f)\sum_{n=1}^{\infty}\frac{1}{n}e^{-(\frac{n\pi}{2L})^2 a\tau}\frac{1-\cos\dfrac{n\pi}{2}}{n\pi} + T_f, \quad n = 1,3,5,\cdots$$

$$(4-107)$$

根据式(4-105)求出固体推进剂代表性体积单元的平均热流密度为

$$\overline{q}(x,\tau) = \frac{\displaystyle\int_0^L q(x,\tau)\mathrm{d}x}{L}$$

$$= \frac{2\lambda}{L^2}(T_f - T_i)\sum_{n=1}^{\infty}e^{-(\frac{n\pi}{2L})^2 a\tau}\int_0^L\cos\left(\frac{n\pi x}{2L}\right)\mathrm{d}x, \quad n = 1,3,5,\cdots$$

$$(4-108)$$

即

$$\overline{q}(x,\tau) = \frac{4\lambda}{L}(T_f - T_i)\sum_{n=1}^{\infty}e^{-(\frac{n\pi}{2L})^2 a\tau}\frac{\sin\left(\dfrac{n\pi}{2}\right)}{n\pi}, \quad n = 1,3,5,\cdots$$

$$(4-109)$$

若已知复合固体推进剂的平均温度和平均热流密度,则可以根据式(4-107)和式(4-109)求解出复合固体推进剂的等效导热系数和等效比热。因此,可采用有限元方法计算出复合固体推进剂在瞬态热传导过程中的温度场和热流密度场的分布,再结合均匀化方法,计算出代表性体积单元的平均温度和平均热流密度。基于一维瞬态热传导理论的复合固体推进剂导热系数和比热的计算流程如图4-49所示。

3. 二维颗粒夹杂模型均匀化方法

二维颗粒夹杂模型仍采用三角形和四边形网格的混合网格划分,其中三角形单元与4.2.2节中采用的三角形单元不同,热传导计算中使用的三角形单元有3个高斯积分点,如图4-50所示。

根据有限元热传导的计算结果计算固体推进剂代表性体积单元的平均温度和平均热流密度时,首先要计算代表性体积单元内各个单元的平均温度和平均热流密度,即

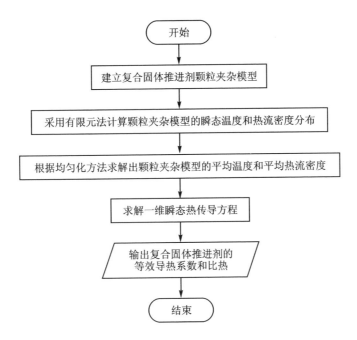

图 4-49　基于一维瞬态热传导理论的导热系数和比热的计算流程图

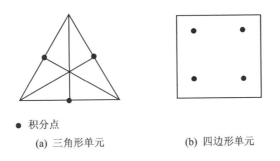

● 积分点
(a) 三角形单元　　　　　　(b) 四边形单元

图 4-50　热传导计算过程中使用的三角形单元和四边形单元

$$\overline{T}_{ij} = \sum_{m=1}^{N_{tri}} \overline{T}_{ij}^{m_{tri}} \frac{S_m^{tri}}{S_{RVE}} + \sum_{n=1}^{N_{quad}} \overline{T}_{ij}^{n_{quad}} \frac{S_n^{quad}}{S_{RVE}} \qquad (4-110)$$

$$\overline{q}_{ij} = \sum_{m=1}^{N_{tri}} \overline{q}_{ij}^{m_{tri}} \frac{S_m^{tri}}{S_{RVE}} + \sum_{n=1}^{N_{quad}} \overline{q}_{ij}^{n_{quad}} \frac{S_n^{quad}}{S_{RVE}} \qquad (4-111)$$

其中,$\overline{T}_{ij}^{m_{tri}}$ 和 $\overline{q}_{ij}^{m_{tri}}$ 分别表示第 m 个三角形单元的平均温度和平均热流密度;$\overline{T}_{ij}^{n_{quad}}$ 和 $\overline{q}_{ij}^{n_{quad}}$ 分别表示第 n 个四边形单元的平均温度和平均热流密度;N_{tri} 和 N_{quad} 分别表示代表性体积单元内的三角形单元和四边形单元数

131

量;S_m^{tri},S_n^{quad} 和 S_{RVE} 分别表示第 m 个三角形单元,第 n 个四边形单元及整个代表性体积单元的面积。

根据有限元计算方法可知,三角形单元在面积坐标上的高斯数值积分公式为

$$\iint\limits_{S} g(L_i, L_j, L_m)\,\mathrm{d}S \approx S \sum_{K=1}^{M} \omega^{(K)} g(L_i^{(K)}, L_j^{(K)}, L_m^{(K)}) \quad (4-112)$$

其中,S 为直角坐标中作为被积分区域的任意三角形的面积;M 为求积基点的数目;$\omega^{(K)}$ 为求积系数,相当于加权系数;g 为以面积坐标表示的被积函数。

三角形单元内的温度分布为

$$T = [L_i, L_j, L_m]\begin{Bmatrix} T_i \\ T_j \\ T_m \end{Bmatrix} = L_i T_i + L_j T_j + L_m T_m \quad (4-113)$$

对于三节点三积分点的三角形单元,积分点分别位于各边中点位置,其求积系数为 $\omega^{(K)}=1/3$,L 的值为

$$\begin{bmatrix} L_i^1 & L_j^1 & L_m^1 \\ L_i^2 & L_j^2 & L_m^2 \\ L_i^3 & L_j^3 & L_m^3 \end{bmatrix} = \begin{bmatrix} 0 & \dfrac{1}{2} & \dfrac{1}{2} \\ \dfrac{1}{2} & 0 & \dfrac{1}{2} \\ \dfrac{1}{2} & \dfrac{1}{2} & 0 \end{bmatrix} \quad (4-114)$$

将式(4-113)和式(4-114)代入式(4-112),可得

$$\iint\limits_{S} T(N_i, N_j, N_m)\,\mathrm{d}S = \frac{S}{3}(T_i + T_j + T_m) \quad (4-115)$$

所以,三角形单元的平均温度为

$$\overline{T} = \frac{1}{3}(T_i + T_j + T_m) \quad (4-116)$$

同理,三角形单元的平均热流密度为

$$\overline{q} = \frac{1}{3}(q_i + q_j + q_m) \quad (4-117)$$

对于四节点四边形单元,单元类型与 4.2.2 节中所述的四边形单元一致,其平均温度和平均热流密度可根据下式计算:

$$\overline{T}_n^{\text{quad}} = \frac{1}{S} \int_S T_{ij} \, dS = \frac{1}{S} \sum_I T_{ij}^I \, |J(I)| \, W(I) \qquad (4-118)$$

$$\overline{q}_n^{\text{quad}} = \frac{1}{S} \int_S q_{ij} \, dS = \frac{1}{S} \sum_I q_{ij}^I \, |J(I)| \, W(I) \qquad (4-119)$$

其中,$W(I)$ 和 $J(I)$ 可以参考 4.2.2 节。

4.3.2 基于稳态热传导的二维颗粒夹杂模型计算结果及分析

复合固体推进剂的细观模型采用如图 4-16 至图 4-22 所示的颗粒夹杂模型。复合固体推进剂各组分热物理性质参见表 4-1。设置各个模型底边温度为 1 ℃,上边界温度为 0 ℃,其他边界为绝热边界,利用有限元法对各个模型的稳态热传导过程进行计算。以各体积分数模型中的模型 (a) 为例,分析复合固体推进剂二维颗粒夹杂模型的温度场和热流密度场分布,如图 4-51 所示。从图中可以看出,颗粒夹杂模型温度分层明显,温度等值线虽有曲折,但比较平滑,与匀质材料的等温线分布十分相似。由于颗粒的随机分布,热流密度分布不规则,颗粒区域热流密度明显高于基体的热流密度,且随着颗粒体积分数的增加,整体热流密度值增大。

表 4-1 复合固体推进剂各组分材料参数

材料参数	AP	基 体
$\rho/(\text{kg} \cdot \text{m}^{-3})$	1 900	950
$\lambda/(\text{W} \cdot \text{m}^{-1} \cdot \text{K}^{-1})$	0.405	0.276
$c_p/(\text{J} \cdot \text{kg}^{-1} \cdot \text{K}^{-1})$	1 460	2 860

根据有限元计算结果,结合二维颗粒夹杂模型的均匀化计算方法,可以得到各个模型的均匀温度、均匀热流密度以及等效导热系数。图 4-52 至图 4-55 所示为所有模型计算的复合固体推进剂等效导热系数。从图中可以看出,图 4-52 中的模型(7)的计算结果略高于其他模型的计算结果,其他同一体积分数的复合固体推进剂所建立的八个模型的计算结果误差非常小,说明本书选择的代表性体积单元尺寸对于预测复合固体推进剂

导热系数是合适的。

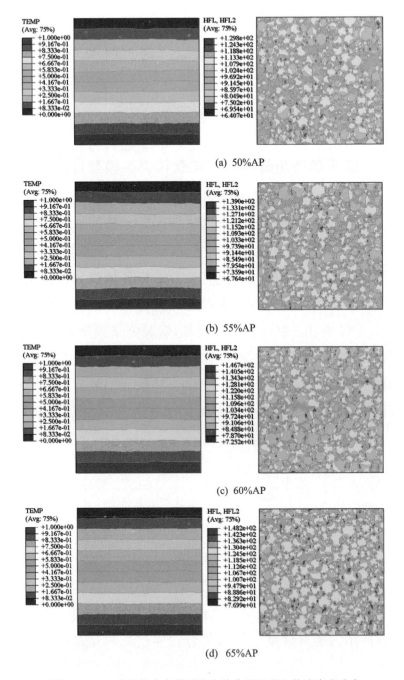

(a) 50%AP

(b) 55%AP

(c) 60%AP

(d) 65%AP

图 4 - 51　二维颗粒夹杂模型稳态热传导温度和热流密度分布

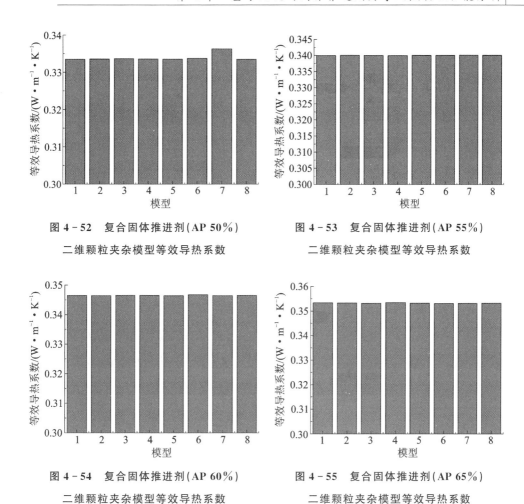

图 4-52　复合固体推进剂(AP 50%)　　　图 4-53　复合固体推进剂(AP 55%)

二维颗粒夹杂模型等效导热系数　　　　二维颗粒夹杂模型等效导热系数

图 4-54　复合固体推进剂(AP 60%)　　　图 4-55　复合固体推进剂(AP 65%)

二维颗粒夹杂模型等效导热系数　　　　二维颗粒夹杂模型等效导热系数

图 4-52 至图 4-55 中计算结果的均值和标准差如表 4-2 所列。

表 4-2　二维颗粒夹杂模型等效导热系数均值和标准差

颗粒体积分数/%	导热系数均值/(W·m⁻¹·K⁻¹)	导热系数标准差/(W·m⁻¹·K⁻¹)
50	0.333 894	0.000 968
55	0.340 016	0.000 052
60	0.346 540	0.000 105
65	0.353 261	0.000 1

从表 4-2 中可以看出,导热系数的标准差基本上是随着颗粒体积分数的增大而减小,这主要是因为当颗粒体积分数较低时,颗粒与颗粒之间

的距离较大,由于颗粒的随机分布,使得部分区域颗粒比较集中,部分区域颗粒比较松散。这说明了在计算复合固体推进剂的导热系数时,随着颗粒体积分数的增加,颗粒分布的随机性影响越来越小。

4.3.3 基于瞬态热传导的二维颗粒夹杂模型计算结果及分析

基于一维稳态热传导的方法只能有效地预测出复合固体推进剂的导热系数,而结合一维瞬态热传导方程式(4-107)和式(4-109)则可同时计算出复合固体推进剂的等效导热系数和比热。本节计算采用如图4-16至图4-22所示的颗粒夹杂模型,分别计算颗粒体积分数为50%,55%,60%,65%,70%,75%和79%的复合固体推进剂的等效导热系数和等效比热。复合固体推进剂各组分热物理性质参见表4-1。边界条件设置根据常用复合固体推进剂固化降温的温度变化,即设置代表性体积单元固有温度为333 K,在单元底部突然施加293 K的温度边界,其他边界设置为绝热边界。以各体积分数模型中的模型(a)为例,分析复合固体推进剂二维颗粒夹杂模型的瞬态温度场和热流密度场分布,如图4-56至图4-62所示。

从图4-56至图4-62可以看出,复合固体推进剂代表性体积单元在瞬态热传导过程中,温度分层明显,这点与匀质材料的瞬态热传导过程相似,由于颗粒的随机分布,温度等值线呈平滑曲线形状。相比较于温度的分布,热流密度的分层不是特别清晰,由于颗粒的导热系数比基体稍高,故热流密度等值线的几何形状十分不规则。从温度分布值来看,理论上应该是在代表性体积单元尺寸相同的情况下,颗粒体积分数越高,温度降低得越快。但从图4-58和图4-59可以看出,颗粒含量为65%的细观模型的温度略高于颗粒含量为60%的细观模型。这主要是因为文献[46]中的粒径分布是以101个颗粒为一组数据,使得当体积分数不同时,代表性体积单元尺寸相差不大,因此,在代表性体积单元内颗粒的数量是不同的。虽然代表性体积单元的尺寸并不严格一致,但从下面的等效导热系数及比热的计算结果分析可以得知,按照代表性体积单元的定义,这些尺寸的选取都是合理的。而对于稳态热传导计算,则不存在以上问题,因为当边界条件一定时,从云图上看,最终的温度分布是一致的。

　　根据有限元计算结果,结合一维瞬态热传导理论和均匀化理论可以得到不同体积分数的复合固体推进剂的导热系数和比热随时间的变化,如图 4-63 至图 4-76 所示。

　　从图 4-63 至图 4-76 中各体积分数复合固体推进剂的导热系数随时间的变化曲线可以看出,在热传导的初始阶段,对于同一体积分数,不同的随机模型计算的导热系数的变化趋势并不一样,例如,有的计算结果随时间的增长而逐渐降低,有的则逐渐增大,有的先增大再减小,有的则先减小再增大等。这是因为在热传导的初始阶段,温度场的主要变化发生在各个复合固体推进剂颗粒夹杂模型的下端区域,颗粒在代表性体积单元下端区域的分布起主要作用,而由于颗粒的随机分布特性,局部区域的体积分数并不等于代表性体积单元的颗粒填充体积分数,而是围绕这一值上下波动,这一点与 4.1.2 节中图 4-7 至图 4-12 显示的三维颗粒夹杂模型切面颗粒面积填充分数是类似的。若代表性体积单元底部的局部区域的颗粒填充体积分数比代表性体积单元的颗粒填充体积分数大,则在热传导初始阶段计算的导热系数较大,反之,导热系数较小。随着热传导时间的增加,局部区域的影响不再占主导作用,导热系数随时间的变化逐渐平缓,趋于直线,从图中可以看出,基本上在 20 s 后,随时间的增长导热系数值基本不变。这一点从图 4-56 至图 4-62 中的温度和热流密度云图分布也可以看出,在 20 s 以前,随着底部降温的影响,整个温度场和热流密度场不断地发生变化,而在 20 s 以后,温度场和热流密度场的云图形状基本不再变化,变化的只是等值线数值的大小。从图 4-63 至图 4-76 中各体积分数复合固体推进剂的比热随时间的变化曲线可以看出,在热传导的初始阶段,与导热系数的变化相似,对于同一体积分数,不同的随机模型计算的比热的变化趋势也并不一样,但无论比热在热传导初始阶段怎么变化,随着时间的增长,比热的变化逐渐趋于平缓,在计算时间达到 50 s 时,比热的变化已经非常小。造成这一现象的原因与导热系数随时间变化的原因是一样的,都是因为在热传导初始阶段代表性体积单元局部区域的影响所占比重较大。

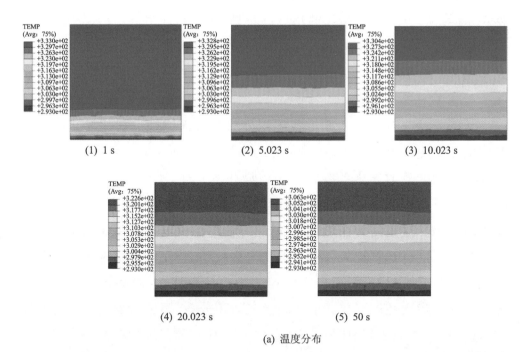

(a) 温度分布

(b) 热流密度分布

图 4 - 56　复合固体推进剂(AP 50%)瞬态热传导温度和热流密度分布

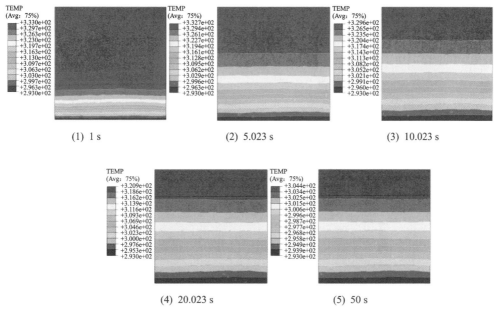

(a)　温度分布

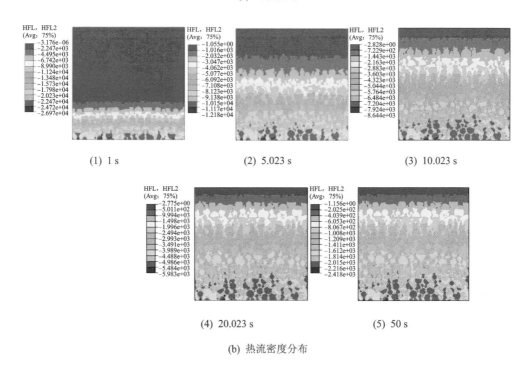

(b)　热流密度分布

图 4 - 57　复合固体推进剂(AP 55%)瞬态热传导温度和热流密度分布

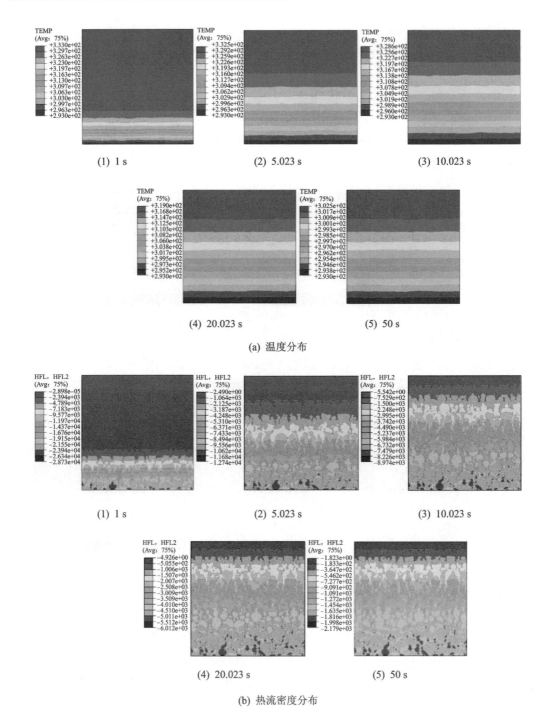

(a) 温度分布

(b) 热流密度分布

图 4-58　复合固体推进剂(AP 60%)瞬态热传导温度和热流密度分布

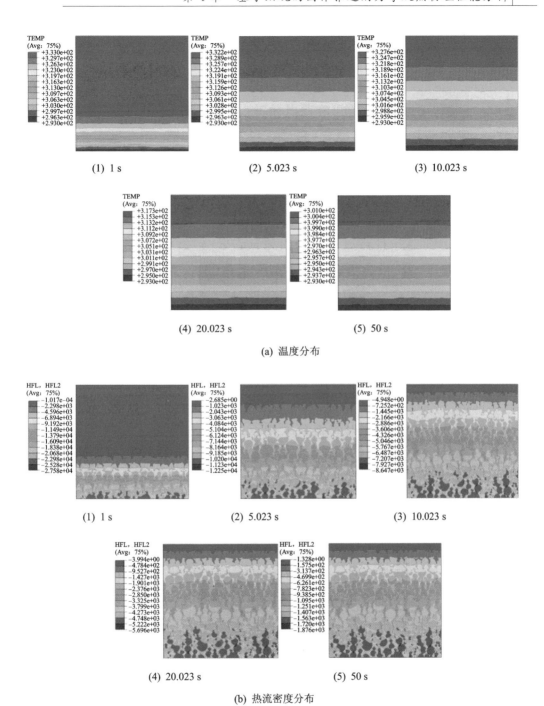

(1) 1 s　　　　　　(2) 5.023 s　　　　　　(3) 10.023 s

(4) 20.023 s　　　　　　(5) 50 s

(a) 温度分布

(1) 1 s　　　　　　(2) 5.023 s　　　　　　(3) 10.023 s

(4) 20.023 s　　　　　　(5) 50 s

(b) 热流密度分布

图 4 - 59　复合固体推进剂（AP 65％）瞬态热传导温度和热流密度分布

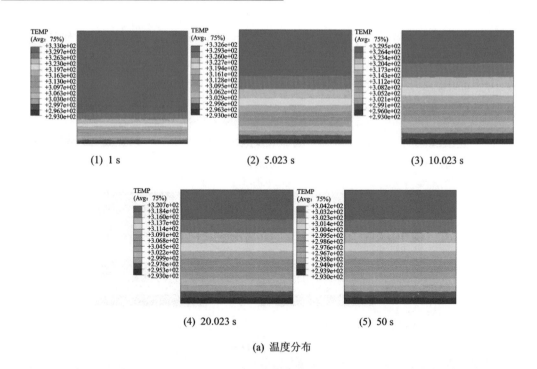

(a) 温度分布

(b) 热流密度分布

图 4 - 60　复合固体推进剂(AP 70%)瞬态热传导温度和热流密度分布

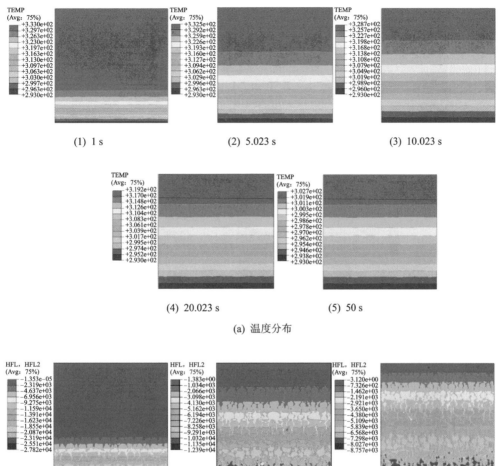

(1) 1 s　　　　　(2) 5.023 s　　　　　(3) 10.023 s

(4) 20.023 s　　　　　(5) 50 s

(a) 温度分布

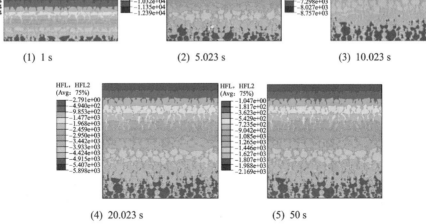

(1) 1 s　　　　　(2) 5.023 s　　　　　(3) 10.023 s

(4) 20.023 s　　　　　(5) 50 s

(b) 热流密度分布

图 4 - 61　复合固体推进剂(AP 75%)瞬态热传导温度和热流密度分布

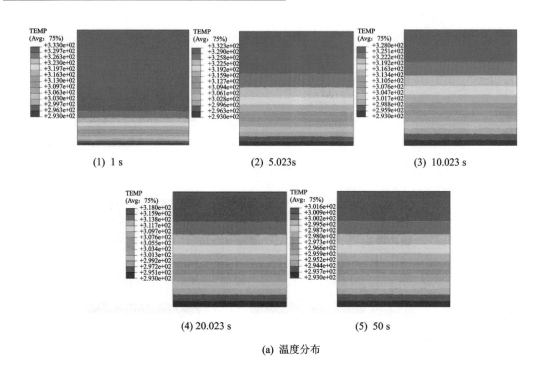

(1) 1 s   (2) 5.023s   (3) 10.023 s

(4) 20.023 s   (5) 50 s

(a) 温度分布

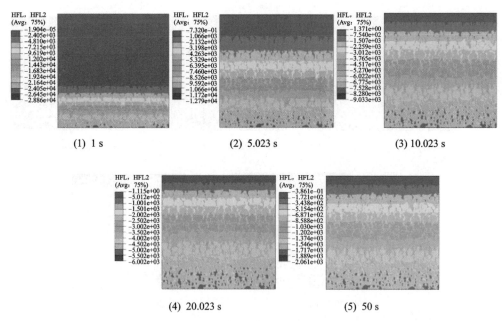

(1) 1 s   (2) 5.023s   (3) 10.023 s

(4) 20.023 s   (5) 50 s

(b) 热流密度分布

图 4 - 62 　复合固体推进剂(AP 79%)瞬态热传导温度和热流密度分布

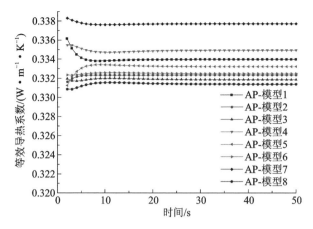

图 4-63　复合固体推进剂(AP 50％)二维颗粒夹杂模型等效导热系数随时间变化曲线

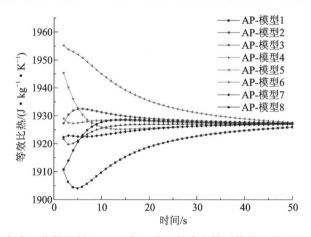

图 4-64　复合固体推进剂(AP 50％)二维颗粒夹杂模型等效比热随时间变化曲线

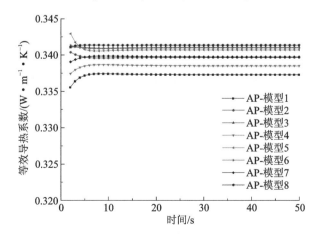

图 4-65　复合固体推进剂(AP 55％)二维颗粒夹杂模型等效导热系数随时间变化曲线

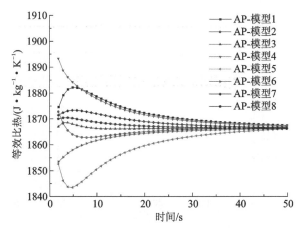

图 4 - 66 复合固体推进剂(AP 55%)二维颗粒夹杂模型等效比热随时间变化曲线

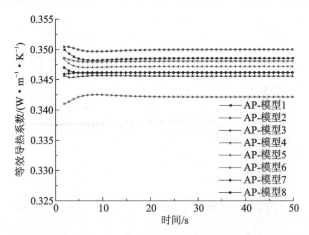

图 4 - 67 复合固体推进剂(AP 60%)二维颗粒夹杂模型等效比热随时间变化曲线

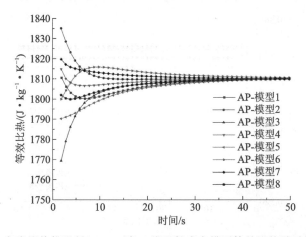

图 4 - 68 复合固体推进剂(AP 60%)二维颗粒夹杂模型等效比热随时间变化曲线

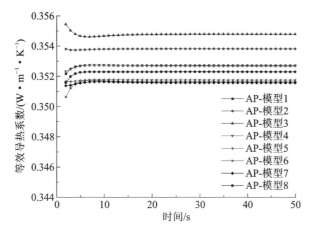

图 4 - 69　复合固体推进剂 (AP 65%) 二维颗粒夹杂模型等效导热系数随时间变化曲线

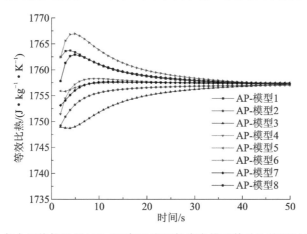

图 4 - 70　复合固体推进剂 (AP 65%) 二维颗粒夹杂模型等效比热随时间变化曲线

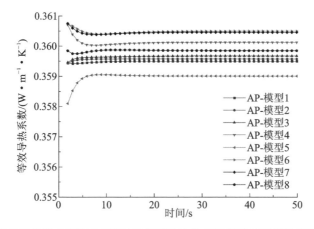

图 4 - 71　复合固体推进剂 (AP 70%) 二维颗粒夹杂模型等效导热系数随时间变化曲线

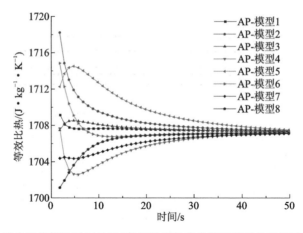

图 4 - 72　复合固体推进剂(AP 70%)二维颗粒夹杂模型等效比热随时间变化曲线

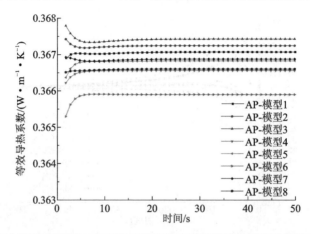

图 4 - 73　复合固体推进剂(AP 75%)二维颗粒夹杂模型等效导热系数随时间变化曲线

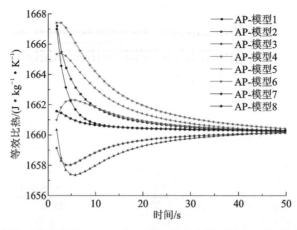

图 4 - 74　复合固体推进剂(AP 75%)二维颗粒夹杂模型等效比热随时间变化曲线

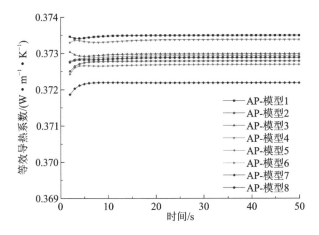

图 4-75　复合固体推进剂(AP 79%)二维颗粒夹杂模型等效导热系数随时间变化曲线

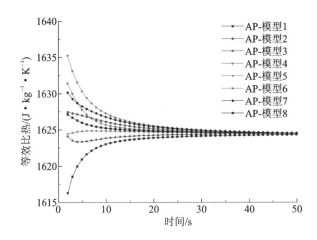

图 4-76　复合固体推进剂(AP 79%)二维颗粒夹杂模型等效比热随时间变化曲线

以 50 s 时的计算结果为最终结果,统计各 AP 体积分数不同的复合固体推进剂的导热系数和比热计算结果,其均值和标准差如表 4-3 所列。

从表 4-3 中可以看出,导热系数随着颗粒体积分数的增加而增大,比热随着体积分数的增加而减少,相应的标准差也随着体积分数的增加而减小。标准差减小这一点的原因在 4.3.3 中已经说明,主要是颗粒体积分数低时,建模时颗粒的运动空间大,可能部分局部颗粒比较集中,部分局部颗粒比较松散,这也说明了当颗粒体积分数越低时,颗粒的随机分布的影响越大。分别将基于稳态传热的二维颗粒夹杂模型和基于瞬态传热的二维颗粒夹杂模型计算的导热系数与伊利诺斯大学通过自主开发的软件 MUDPACK 采用 DNS(直接数值模拟方法)计算的结果[55]进行比较,如图 4 - 77 所示。

表 4 - 3　二维颗粒夹杂模型等效导热系数及比热的均值和标准差

颗粒体积分数/%	导热系数均值 /(W·m⁻¹·K⁻¹)	导热系数标准差 /(W·m⁻¹·K⁻¹)	比热均值 /(J·kg⁻¹·K⁻¹)	比热标准差 /(J·kg⁻¹·K⁻¹)
50	0.333 463	0.001 546	1 926.971	0.306 661
55	0.339 865	0.001 103	1 866.643	0.351 194
60	0.346 775	0.001 715	1 810.188	0.185 715
65	0.352 654	0.000 841	1 757.205	0.122 771
70	0.359 829	0.000 394	1 707.291	0.109 77
75	0.366 818	0.000 343	1 660.258	0.062 464
79	0.372 919	0.000 281	1 624.482	0.040 648

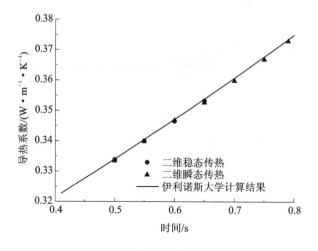

图 4 - 77　三种方法计算结果及文献计算结果对比

从图 4 - 77 中可以看出,本书所采用的两种方法的计算结果与伊利诺斯大学自主开发的软件 MUDPACK 的计算结果吻合得很好,说明了本书所采用的计算方法的合理性。基于稳态热传导的二维颗粒夹杂模型可以有效地预测复合固体推进剂的等效导热系数,而基于瞬态热传导的二维颗粒夹杂模型可以同时计算出复合固体推进剂的等效导热系数和等效比热。

第5章　固体火箭发动机药柱寿命预估研究

药柱结构完整性分析的目的是确保药柱在整个贮存和工作过程中的安全可靠,即具有可靠的寿命。本节系统介绍药柱的老化问题及药柱的寿命问题,并结合前面结构分析的结果和试验数据,对药柱进行了寿命预估。

5.1　老化研究

固体推进剂的老化是一个复杂的物理、化学变化过程。所有这些变化都将引起推进剂内部结构和外观变化,致使推进剂的力学性能降低和弹道性能变化。

影响推进剂老化的原因有两个方面:一是来自推进剂本身的内在因素。内部因素主要指构成推进剂的黏合剂结构上的弱点以及推进剂其他组分的作用;二是外部因素,主要是环境因素,如热、氧、水分、辐射、盐雾等。研究推进剂的老化问题,应从研究内部因素入手,以便了解影响老化问题的关键所在,从而采取适当的防老化措施。同时,也要尽量减少或控制影响老化的外部因素,以达到延长使用寿命的目的。

5.1.1　内部因素

1. 高聚物黏合剂结构上的弱点

（1）化学结构

高聚物是由结构相同的链节以化学键连接而成的,其化学结构决定高聚物的稳定性。影响推进剂老化性能的直接原因是黏合剂化学结构上的薄弱点受到强环境因素的作用后发生了化学变化。例如,聚硫中的 C－S、

S-S键,聚氨酯中的-C-O-C-键等,都是化学结构上的薄弱环节,它们发生变化就会导致推进剂老化。

（2）链结构

高聚物的链结构是指不规则结构（如支链、双键、端基等）、分子量、分子量分布、支化度等。所有这些也都影响推进剂的老化性能。

支链黏合剂比直链黏合剂容易老化,因为支链会降低黏合剂的键能,削弱抗热氧老化的能力。高聚物的稳定性与其分子量、分子量分布和支化度有关。一般来说分子量大的稳定性好;支化度越大的稳定性越差;分子量分布过宽,老化性能往往会受影响。

（3）物理结构

高聚物的物理结构主要是指聚集态,包括结晶度、构型、晶粒大小、取向和超分子结构等。某些黏合剂在低温和应力下结晶化,导致推进剂的延伸率降低,被认为是一种老化现象。如聚硫推进剂在低温下贮存时就会产生结晶,使推进剂的抗拉强度增加、模量增加、延伸率降低、体积缩小。丁二烯和丙烯腈的共聚物以及某些氢化聚丁二烯,在低温时也会产生部分结晶,使得聚合物极度钢化。

2. 推进剂其他组分的作用

（1）氧化剂

推进剂中氧化剂所占的比例通常在60％～75％（质量百分数）,它对推进剂的老化性能有显著影响,常用的氧化剂是高氯酸铵（AP）,其次为奥克特金（HMX）、黑索金（RDX）、硝酸铵（AN）等。不同的氧化剂,其稳定性不同,对推进剂老化性能的影响也不同。高氯酸铵粒子对黏合剂的缓慢氧化作用表现在:高氯酸铵受到热解和水解作用时会产生酸性与氧化能力很强的物质（如高氯酸、初生态氧等）,这些物质通过扩散与黏合剂分子相接触,促使黏合剂发生老化反应。推进剂老化时,黏合剂发生氧化降解反应所需的氧主要来自高氯酸铵分解物。

此外,氧化剂的含量、粒度、纯度等对推进剂也有影响。

（2）固化剂

所用的固化剂不同,推进剂的老化性能也有较大的不同。聚氨酯推进剂以二异氰酸酯固化,由于二异氰酸酯的种类不同,推进剂的稳定性也不同。其顺序为:氟化脂肪族(OBDI)＞脂肪族(OEDI 和 HDI)＞芳香族(TDI 和 TPDI)。

端羧基聚丁二烯(CTPB)推进剂以三种不同固化剂进行固化,所得推进剂的老化性能各不相同。① 用氮丙啶类固化剂(MAPO)固化,由于MAPO 中含有的 P－N 键容易断裂,使得交联密度减少,推进剂变软;② 用氮丙啶类固化剂(BITA)固化,推进剂在 65 ℃下储存有后固化现象,推进剂变硬;③ 用混合氮丙啶类固化剂(BITA－MAPO)等双元固化剂固化,推进剂性能相对比较稳定。

端羟基聚丁二烯(HTPB)推进剂采用不同的固化剂,其老化性能也不相同。在选用的三种固化剂 IPDI、HMDI 和 DDI 中,IPDI 效果最好。

（3）增塑剂

复合固体推进剂常用的增塑剂是惰性的,如癸二酸二异辛酯(DOS)等。在装药情况下,推进剂与包覆层、绝热层和壳体材料紧密接触,推进剂中增塑剂发生迁移,使推进剂贮存后发生燃速和其他性能的变化,呈现老化现象。

（4）稀释剂

复合固体推进剂常采用苯乙烯(STY)作为稀释剂。苯乙烯对 HTPB推进剂贮存性能有极不利的影响,主要问题是贮存中苯乙烯发生挥发,这不仅使力学性能变差,而且引起其他性能的变化。

5.1.2　外部因素

影响推进剂老化的外部因素很多,有的影响因素会严重影响推进剂的老化速度。下面主要就温度、湿度的影响进行分析。

1. 温度的影响

发动机在贮存过程中都要经受温度变化,温度是影响推进剂老化的各种环境因素中最主要的因素。随着温度的升高,推进剂热降解加快,老化速度随之增加;在较低的温度环境中,仍有缓慢的化学变化,致使推进剂变硬、破裂。有的推进剂贮存时变软,以致药柱下沉和刚度不足,承受不住加速过载。

2. 湿度的影响

湿度是引起推进剂性能恶化的又一重要因素。复合固体推进剂含有大量易吸潮物质 AP,水分通过药柱表面扩散进入推进剂内部,加速推进剂老化。水分对推进剂的作用有以下三方面:

① 促使推进剂中黏合剂水解断链,特别是高温下,此作用更为明显,这是造成某些推进剂软化的重要原因之一;

② 水分聚集在氧化剂晶体表面,形成低模量液层,使氧化剂和黏合剂间粘结受到破坏,表现为在低应力水平下测试力学性能即出现"脱湿",力学性能下降;

③ 氧化剂溶解、迁移以及沉淀。

迄今为止,尚未发现能够阻止湿气通过扩散进入推进剂药柱内部的聚合物黏合剂。所以,水分对推进剂的破坏是难以避免的。水分对推进剂老化性能的影响显然是多方面的,但主要还是对力学性能的影响。这种影响因推进剂不同而异。

推进剂短时间暴露在高湿下引起的性能变化通过干燥处理基本可以恢复,如将在 95 ℃相对湿度下短期(20~30 天)贮存的 CTPB、HTPB 推进剂样品转入干燥环境(相对湿度 5%~10%)10~20 天,样品的力学性能基本上可以恢复到原来水平,这说明湿度对力学性能的影响主要是可逆的物理变化。但推进剂水解断裂等化学反应引起的力学性能变化往往是不能恢复的。

5.1.3 老化机理

复合固体推进剂主要组分是氧化剂和黏合剂。不同类型推进剂的老化机理各不相同,这既取决于氧化剂的热分解和水解,也取决于黏合剂的分子结构、固化剂、固化温度和时间以及环境温度、湿度等影响因素。

一般复合固体推进剂的老化机理主要包括黏合剂系统的后固化、氧化交联和高聚物断链。

1. 后固化

后固化指正常固化周期中尚未完成,而在贮存过程中继续缓慢进行的固化反应。除了推进剂固化时尚未达到正固化点而贮存时继续固化这一原因外,后固化往往是由一些副反应引起的。

2. 氧化交联

氧化交联是聚丁二烯系统重要的化学老化反应,就聚丁二烯类推进剂而言,公认的老化机理是该类聚合物双键部位的氧化交联。

除了推进剂表面的空气可导致氧化交联外,聚合物中的双键与 AP 的水解或低温热分解产物 $HClO_4$ 以及初生态氧作用都会导致氧化交联反应的产生,从而使得双键数目减少,凝胶含量增加,抗拉强度上升,延伸率下降。

3. 高聚物的断链

推进剂中高聚物的断链也是一种常见的现象。这种现象很大程度上取决于固化系统,也与环境有关。

高温下贮存以 MAPO 固化的 CTPB 推进剂,推进剂迅速变软,强度、模量明显下降,这是 MAPO 中的 P - N 键断裂所致。通过分离反应产物和研究模型化合物,这种软化机理已被肯定。

聚醚、聚酯型聚氨推进剂的聚氨酯反应虽较简单,但在推进剂中的反应机理仍需要进一步探讨。该类推进剂在贮存条件下会进行缓慢的化学反应,某些组分可以单独分解,各组分又可彼此作用或与大气作用而产生不可逆的低分子挥发物,这些产物本身又可催化体系内其他物质降解。由于自动催化反应也时常发生,故其化学老化机理变得十分复杂。以四氧呋喃-环氧丙烷聚醚为例,其中主链上的醚键以及固化后形成的酯键是键能最低的薄弱环节,在 AP 的水解产物和低温分解产物 $HClO_4$ 的作用下,主链醚键发生酸解断链乃是该类聚氨酯推进剂发生的主要降解反应,结果可能生成四氰呋喃及其衍生物,酯基及固化后生成的氨基甲酸酯基和脲基在酸或碱性介质中,也易发生水解断链。

在某些推进剂中,以上三种老化机理有时是同时存在的,随着时间的推移,可能某种机理占优势。表现在推进剂的力学性能方面,同类或不同类的推进剂在不同的贮存阶段,其力学性能变化趋势各异。

5.2 寿命预估技术的发展

固体药柱寿命的影响因素比较多,包括药柱自身老化性能的影响、外部环境的影响以及所受载荷的影响,对寿命预估的研究主要是通过试验的手段及数值模拟和试验相结合的方法来展开的,下面分别进行介绍。

5.2.1 固体药柱寿命预估的试验研究

通常的试验方法有加速老化法、活化能法、热老化空穴率法、凝胶法、动态粘弹分析法、CT 识别法等。

1. 加速老化法

由于推进剂自然老化时间太长,在发动机设计阶段通常采用高温加速老化试验预估推进剂的贮存寿命。将试件进行高温贮存,加速试件的性能变化,根据不同温度、不同贮存时间的试件性能测试结果,可以外推自然贮存环境温度下推进剂的贮存寿命。加速老化试验所预估的贮存寿命,应经过自然环境下长期贮存试验加以验证。但由于自然老化时间太长,很多加速老化试验预示的结果并没有进行验证;而且加速老化的环境条件也有别于真实发动机的贮存条件,故这种方法预示的结果一直受到怀疑,目前加速老化法只作为预示发动机寿命的一种辅助方法,而且某些化学反应在高温下会激烈反应,但在低温下几乎无反应,因此该方法对推进剂的常温贮存有一定的指导意义。

2. 活化能法

虽然加速老化预测寿命比常温检测可以早出结果,但实验周期仍很长。国内外人员都在积极寻找更快速、更简便的使用寿命预测方法,其中最典型的就是活化能法。罗怀德研究了通过活化能法快速预测推进剂使用寿命,所依据的公式是由阿累尼乌斯方程演变而来的。该方法的基本要点是:利用先进的分析测试方法,用少量样品快速测出推进剂老化、化学反应的表观化学能,再根据高温加速老化试验,得到一个温度下的测试数据,求出反应速度常数,进而便可求出使用温度下的反应速度常数,这样就可以预测推进剂的使用寿命。上述方法和阿累尼乌斯法都假设不同温度下阿累尼乌斯公式中的表观活化能相同,这点假设与实际情况有很大的偏差,而在阿累尼乌斯公式中活化能处于指数项上,其大小对求得的反应速率有很大的影响,直接关系到预估结果的准确性。因此在常温贮存寿命预估中,假设整个温度范围内表观活化能相同就很难得到令人满意的结果。有必要对阿累尼乌斯公式进行修正,考虑温度对活化能的影响,找到温度与活化能的函数关系。张昊通过推导活化能与温度的函数关系,得到了新的预估公式,提出了线性活化能预估法,提高了推进剂寿命预估的准确性。

3. 热老化空穴率法

药柱在长期贮存过程中或采用高温加速老化时,随着老化温度和老化时间的增加,由于药柱中黏结剂与某些添加剂的热降解和机械降解、黏结剂与氧化剂的相互作用、分子键裂变和界面脱湿,药柱内部会产生气体和空穴。当气体生成率大于扩散率时,气体将进一步聚集使药柱中气压增加,促使药柱中裂纹、空穴进一步增加甚至扩张。当气压和空穴率浓度达到某一临界状态时,药柱中空穴率迅速增加,最后导致药柱失效。Cost 等提出,药柱中的气体聚集产生的裂纹和空穴是限制复合固体推进剂使用寿命的主要因素。北京理工大学赵伯华教授设计了实时体积形变非接触测试系统,实现了药柱中空穴率的实时测量,并依据上述原理建立了热老化空穴率法预估贮存寿命。在一定温度下加热老化试样,在每个老化温度对应的各老化时间点取样,用实时体积形变非接触测试系统进行测量,得到不同老化时间下压缩系数 $\Delta V / V$ 随载荷压强 P 的关系曲线。观察实测的 $\Delta V / V - P$ 曲线,在加载初期呈非线性,这是因为初期加载的大多数能量都用在消除试件内部空穴,表观体积减少幅度较大;当试件内部空穴被压实后,$\Delta V / V - P$ 呈线性变化,将曲线的线性段反向延长与纵坐标相交,交点处的 $\Delta V / V_0$ 值就是推进剂的初始气孔率 ξ。

根据不同老化温度下、不同老化时间的 $\Delta V/V - P$ 曲线,做 $\xi(t)$ 随老化时间 t 变化的等温线,根据粘弹性时温等效原理和最小二乘法原则水平移动 $\lg \xi(t) \sim \lg t$ 老化等温线,可以得到常温下复合固体推进剂使用寿命预测主曲线。在热老化条件下,随着老化时间的延长,复合固体推进剂的空穴率是不断增加的,这种变化在老化初期比较缓慢,中期线性增加,后期呈非线性迅速变化。在 $\lg \xi(t) \sim \lg t$ 曲线迅速变化拐点处,做两曲线段的切线,切线交点的横坐标值就是常温复合固体推进剂贮存寿命失效临界点。

用热老化空穴率法实测药柱空穴率,并采用粘弹性主曲线预测使用寿命的方法,与阿累尼乌斯法相比,预测精度有所提高,但是测试量很大,周期也很长。

4. 凝胶法

Layton 认为复合固体推进剂老化过程中,不溶性黏结剂(凝胶)含量是连续增加的。凝胶含量与机械性能二者之间存在着直接关系,由凝胶含量的分析测定可以得到相应的机械性能数据。Layton 进行了 TP - H1010 推进剂贮存老化试验,测得凝胶含量的变化关系式及机械性能的变化关系式,合并两式就可以简单地用凝胶含量变化来计算复合固体推进剂因贮存老化而变化的机械性能数值。Layton 利用这种方法测出的贮存老化数据与推进剂 10 年监测试验所得的数据非常一致。

国防科技大学王春华等研究了 HTPB 推进剂老化过程中凝胶变化规律,力学性能变化规律,以及两者之间的相关关系,希望找出一种试样用量少、简便的寿命预估方法。试验过程是这样的:进行热老化试验,每隔一定时间间隔取样,一部分试样用来测试力学性能,另一部分试样用来测凝胶。测凝胶的试样先用溶剂法将试样的凝胶与溶胶分离,然后在氧气气氛、流量 40 ml/min、升温速率 5 ℃/min 的条件下,用 DSC 热分析仪测量凝胶氧化反应热效应,并找出 HTPB 复合固体推进剂凝胶氧化反应热效应的变化方程。为进一步研究 HTPB 推进剂延伸率与凝胶氧化反应热效应的相关关系,将相同老化时间下得到的推进剂延伸率对推进剂凝胶氧化反应热效应作图,结果表明,HTPB 推进剂的延伸率与凝胶氧化反应热效应呈线性关系,求出线性方程,由此方程就可以用推进剂某一时刻的凝胶氧化反应热效应值推算该时间推进剂延伸率的大小。

5. 动态粘弹分析法

复合固体推进剂是以黏结剂为基体,以固体氧化剂和金属粉末作为填料的粘弹材料,用单轴力学分析法研究复合固体推进剂贮存老化性能时,将大变形所引起的分子链滑移的物理变化也掺杂在性能变化之中,会使老化过程变得复杂。动态粘弹法属非破坏性试验,试样在测试过程中变形很小,测试时间又很短,因此可以认为排除了分子链滑移所引起的物理变化。鉴于动态粘弹法的优越性,国内外专家从 20 世纪 90 年代广泛开展了动态粘弹分析法研究。

Husband 用动态粘弹法研究了火箭发动机中的样品与方坯药样品的动态贮存模量 G' 与贮存温度和时间的关系,得出如下结论:① 发动机中的样品与方坯药样品的老化行为是类似的;② 老化反应速率常数 $\ln K$ 与 $1/T$ 的关系不符合简单的阿累尼乌斯方程,老化反应不是单一的化学反应,活化能与温度有关;③ 可以根据动态力学性能在某个温度范围内随老化时间的变化来计算推进剂的老化速率和活化能,从而用样品的老化速率和活化能推算固体推进剂的贮存寿命。

Sylvie 等用动态粘弹法和单轴拉伸法研究了两种固体推进剂加速老化贮存性能,结果表明:单向延伸率和动态贮存模量 G' 是相关的,随着动态贮存模量的增加,延伸率降低。

湖北红星化学研究所丁汝昆等选取了三个不同配方的 HTPB 推进剂做动态粘弹试验,测出不同贮存时间的弹性模量与单向拉伸力学性能,发现弹性模量变化与单向拉伸力学性能的变化规律基本相同。

6. CT 识别法

CT 是在不损伤物体的情况下,逐层隔离观察物体内每一断面剖层的信息。CT 扫描可以识别材料每一层面或指定层面的横截面信息,从而精确地反映材料密度变化与材料细观损伤的统计值。所以用它检测固体材料内部的均匀性并估计变形对材料性能的影响是一种较好的方法。由 CT 扫描的原理可知：

$$CT \ \text{数} = (\mu_{\text{样品}}/\mu_{\text{水}} - 1) \times 10\ 000$$

其中，$\mu_{\text{样品}} = \mu_m \rho$，$\mu_m$ 为被测材料每单位质量的衰减常数，它只与材料入射的 X 射线波长有关；ρ 表示该处物质线密度。那么当入射的 X 射线波长一定时，CT 数随 ρ 的变化而变化。复合固体推进剂内部微裂纹成核、扩展、聚合都会引起材料 CT 数的变化，因此可以用 CT 数表征内部细观损伤。

第二炮兵工程学院阳建红等开展了 HTPB 复合固体推进剂损伤 CT 识别研究，实验发现：HTPB 推进剂试件在不同应变量的松弛实验中测得的 CT 数的方差值都分布在 60～75 的范围内，且应变越大，方差均值越大。说明在不同应变要求的松弛实验中，HTPB 损伤特性较为一致。

从理论上分析，对于 HTPB 这种高固体填充密度的复合材料来说，大量微裂纹的成核总是先在基体和界面产生，当微裂纹的数目足够多时，微裂纹高概率聚合，很快导致宏观裂纹出现。微裂纹成核和产生阶段的寿命比微裂纹聚合阶段的寿命长得多，所以阳建红等认为可以忽略微裂纹聚合阶段，着重研究微裂纹在基体和固体颗粒界面成核和产生阶段。结合实验及理论分析提出假设：HTPB 复合固体推进剂内损伤在材料内部随机分布，微裂纹类型单一，微裂纹面积大致相等。在假设的条件下，建立了 HTPB 损伤的 CT 数学模型。

5.2.2　数值与试验结合预估药柱寿命技术研究

数值模拟必须建立在对药柱力学性能测试的基础上，通过建立药柱失效模型对其进行研究。最简单的方法是首先确定失效模型，然后在最恶劣的载荷条件下进行推进剂的失效分析。刑耀国对不同贮存期的某固体火箭发动机所用的 HTPB 药柱进行了大量的力学性能试验，得到了该推进剂有关力学性能随贮存时间的变化规律，分析了药柱在生产、运输、贮存、勤务处理和点火燃烧等过程的受载状态，针对最危险的载荷，对不同贮存期的药柱进行了应力、应变状态的有限元分析，对比不同贮存期推进剂的力学性能，预估了药柱的使用寿命。另一种思路是用概率统计的方法对药柱进行寿命预估,文献[62]解剖了 11 台不同贮存时间、不同贮存环境和经受各种典型载荷作用的发动机,然后将其制成试件进行单轴拉伸试验,得到了不同条件下推进剂抗拉强度和延伸率随贮存时间变化的曲线,用三维非线性粘弹性有限元法计算了推进剂内产生的最大应力和应变。最后用概率统计法对药柱进行了寿命预估。数值模拟的方法由于在节省时间和经费上有突出的优点,近些年得到了长足的发展,所采用的模型日益准确。

下面详细介绍在文献[62]所采用的模型的基础上,结合随机粘弹性有限元数值模拟,使用概率统计对药柱进行寿命预估的方法。下面对模型进行详细介绍,并对某型号发动机进行寿命预估。

5.3 概率统计药柱寿命预估模型

所采用的药柱寿命预估模型为

$$p = 1 - \Phi \left[\frac{\varepsilon_c(t) - \varepsilon_{\max}}{\sqrt{\sigma_{mc}^c + \sigma_{1t}^2}} \right]$$

其中,$\varepsilon_c(t)$ 是推进剂在不同贮存期的延伸率,它是贮存时间 t 的函数,它是通过实验得到不同条件下推进剂延伸率随贮存时间变化的曲线;$\varepsilon_{\max}$ 是在所有载荷作用下,用有限元法计算出的药柱内所产生的最大应变;σ_{mc} 是推进剂延伸率的均方差;σ_{1t} 是向发动机施加的各种载荷及各个随机参数的均方差引起的推进剂应变的均方差。

5.4 药柱寿命预估算例研究

药柱寿命预估是建立在大量的实验基础上的,国内外在这方面做了大量的工作。本节结合实验数据进行药柱寿命预估。

5.4.1 自然贮存老化试验

参加贮存试验的发动机有 13 台。按贮存地点不同,在 S 地贮存 8 台发动机,N 地贮存 3 台发动机,B 地贮存 2 台发动机。燃烧室装药为丁羟推进剂,星孔贴壁浇注。

参加六年半贮存期发动机点火试验共 9 台,分 50 ℃、20 ℃ 和 −25 ℃

三种初温状态,每种温度状态各 3 台。除 1 台发动机的燃烧室与喷管螺纹连接处有少量漏气,其余 8 台工作正常,结构可靠。

参加九年贮存期发动机点火试验共 2 台,分 50 ℃ 和 −25 ℃ 两种初温状态,每种温度状态各 1 台。两台发动机工作正常,结构可靠。

参加九年贮存期发动机飞行试验 1 台,发动机工作正常,飞行试验成功。

为了研究推进剂力学性能的老化,同时进行与发动机对应的推进剂方坯的贮存试验。

初始状态推进剂抗拉强度和延伸率均服从正态分布,如表 5 − 1 所列。

表 5 − 1 初始状态抗拉强度和延伸率均值和方差

温 度	性 能	均 值	方 差
+50 ℃	σ_m/MPa	0.648	0.086
	$\varepsilon_m/\%$	30.14	5.21
+20 ℃	σ_m/MPa	0.961	0.048
	$\varepsilon_m/\%$	38.46	6.66
−40 ℃	σ_m/MPa	1.489	0.148
	$\varepsilon_m/\%$	43.011	11.3

对抗拉强度、延伸率做线性回归,得回归方程如表 5 − 2 所列。

表 5 − 2 药柱贮存性能变化回归方程

贮存温度	回归方程	均方差
50 ℃	$\sigma_m = -0.0587t + 0.642$	0.07993
	$\varepsilon_m = -0.7772t + 29.638$	5.645
20 ℃	$\varepsilon_m = -0.9911t + 38.198$	5.318
−40 ℃	$\varepsilon_m = -2.719t + 42.508$	9.075

其中,σ_m 单位为 MPa,t 单位为年,ε_m 单位为%。

5.4.2 发动机解剖试验

为了研究药柱的老化性能,将在 B 地贮存长达 15 年的发动机进行解剖,测试推进剂的力学性能。

分别对抗拉强度、延伸率做线性回归,得回归方程如表 5 - 3 所列。

表 5 - 3　药柱贮存性能变化回归方程

贮存温度	回归方程	均方差
50 ℃	$\sigma_m = -0.003\,637t + 0.648$	0.084
	$\varepsilon_m = -0.209\,63t + 30.144$	4.46
20 ℃	$\varepsilon_m = -0.608\,1t + 38.455\,6$	5.830
−40 ℃	$\varepsilon_m = -1.40t + 43.011$	9.662

其中,σ_m 单位为 MPa,t 单位为年,ε_m 单位为%。

5.4.3　结构分析

由于药柱在点火燃烧过程中承受的内压力载荷是药柱所受的主要载荷,因此,对药柱进行寿命预估时,应把压力载荷下的结构分析作为重点。下面对药柱在受压力载荷下的响应进行分析。

药柱的结构如图 5 - 1 所示。推进剂为丁羟复合药柱,药柱的材料参数见 3.1.2 节压力载荷条件下药柱结构响应算例。

利用对称性,取药柱结构的十分之一进行分析,结构如图 5 - 2 所示。

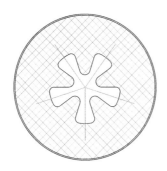

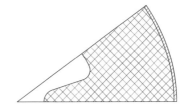

图 5 - 1　药柱结构图　　　　　图 5 - 2　药柱结构的十分之一

1. 压力载荷

内压力按如下规律变化:

$$P = 6.92 \times (1 - e^{-60\,t}) \quad (MPa)$$

2. 计算结果及分析

图 5 - 3 至图 5 - 6 所示分别是温度为 50 ℃,时间 $t = 0.05\ s, 0.3\ s$ 的

主应力、主应变分布图;图 5 - 7 至图 5 - 10 所示分别是温度为 20 ℃,时间 $t=0.05$ s,0.3 s 的主应力、主应变分布图;图 5 - 11 至图 5 - 14 所示分别是温度为 -40 ℃,时间 $t=0.05$ s,0.3 s 的主应力、主应变分布图。

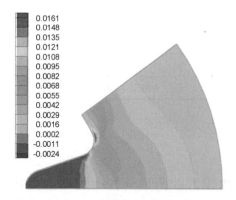

图 5 - 3　0.05 s 主应变 ε_1 分布图(50 ℃)

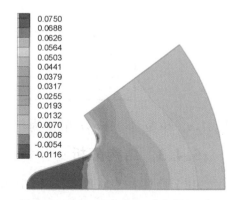

图 5 - 4　0.3 s 主应变 ε_1 分布图(50 ℃)

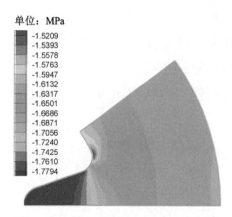

图 5 - 5　0.05 s 主应力 σ_1 分布图(50 ℃)

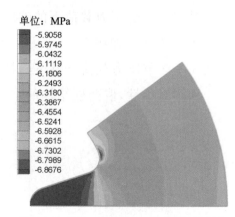

图 5 - 6　0.3 s 主应力 σ_1 分布图(50 ℃)

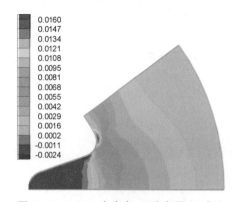

图 5 - 7　0.05 s 主应变 ε_1 分布图(20 ℃)

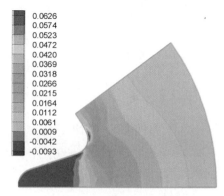

图 5 - 8　0.3 s 主应变 ε_1 分布图(20 ℃)

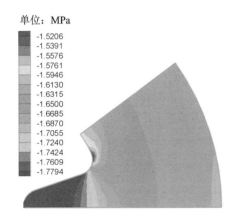

图 5 - 9 0.05 s 主应力 σ_1 分布图(20 ℃)

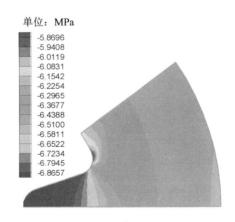

图 5 - 10 0.3 s 主应力 σ_1 分布图(20 ℃)

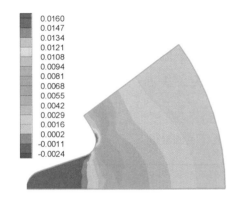

图 5 - 11 0.05 s 主应变 ε_1 分布图(−40 ℃)

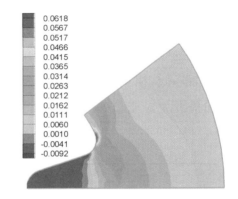

图 5 - 12 0.3 s 主应变 ε_1 分布图(−40 ℃)

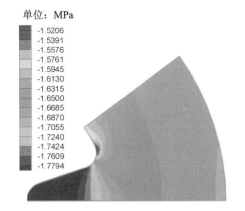

图 5 - 13 0.05 s 主应力 σ_1 分布图(−40 ℃)

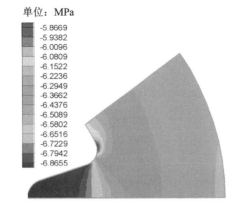

图 5 - 14 0.3 s 主应力 σ_1 分布图(−40 ℃)

从图中可以看出,星槽拐角附近具有很大的应力梯度,而在星尖和肉腹内应力变化比较缓慢,这说明星槽拐角附近有应力集中,最大主应力和主应变均在星槽拐角处。表 5-4 列出了三个温度下,0.05 s、0.3 s 时刻的最大主应力和主应变值。

表 5-4   0.05 s 及 0.3 s 时刻最大主应力和主应变值

时 间	+50 ℃		+20 ℃		−40 ℃	
	σ_{1m}/MPa	$\varepsilon_{1m}/\%$	σ_{1m}/MPa	$\varepsilon_{1m}/\%$	σ_{1m}/MPa	$\varepsilon_{1m}/\%$
0.05 s	−1.503	1.74	−1.502	1.73	−1.501	1.728
0.3 s	−5.84	8.12	−5.798	6.77	−5.796	6.69

从表中可以看出,最大主应力随温度升高而降低,但绝对值是增加的,而最大主应变随温度升高而增加。这是由于随着温度升高,药柱的材料模量逐渐降低,相当于硬度降低,从而使变形增大。表 5-5 给出了最大主应力和最大主应变值。

表 5-5   最大主应力(绝对值)和主应变值

+50 ℃		+20 ℃		−40 ℃	
σ_{1m}/MPa	$\varepsilon_{1m}/\%$	σ_{1m}/MPa	$\varepsilon_{1m}/\%$	σ_{1m}/MPa	$\varepsilon_{1m}/\%$
−6.94	8.28	−6.93	6.79	−6.92	6.7

同时,对药柱在受压力载荷条件下进行随机有限元分析,这里只考虑粘弹性材料随机性的影响。假设泊松比的标准差为 0.001,剪切模量各变量的变异系数为 0.1。

图 5-15 和图 5-16 所示分别是温度为 50 ℃,时间 $t=0.05$ s,0.3 s 时主应变方差的分布图;图 5-17 和图 5-18 所示分别是温度为 20 ℃,时间 $t=0.05$ s,0.3 s 时主应变方差的分布图;图 5-19 和图 5-20 所示分别是温度为 −40 ℃,时间 $t=0.05$ s,0.3 s 时主应变方差的分布图。

从图中可以看出,主应变方差与主应变的分布基本一致,最大主应变方差在星槽拐角处。随着温度的增大,主应变方差逐渐增加。

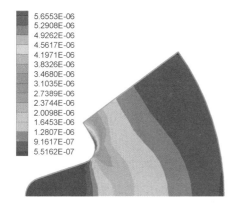

5.6553E-06
5.2908E-06
4.9262E-06
4.5617E-06
4.1971E-06
3.8326E-06
3.4680E-06
3.1035E-06
2.7389E-06
2.3744E-06
2.0098E-06
1.6453E-06
1.2807E-06
9.1617E-07
5.5162E-07

图 5 - 15　0.05 s 主应变的方差(50 ℃)

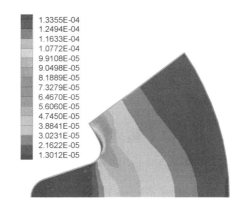

1.3355E-04
1.2494E-04
1.1633E-04
1.0772E-04
9.9108E-05
9.0498E-05
8.1889E-05
7.3279E-05
6.4670E-05
5.6060E-05
4.7450E-05
3.8841E-05
3.0231E-05
2.1622E-05
1.3012E-05

图 5 - 16　0.3 s 主应变的方差(50 ℃)

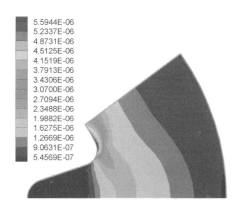

5.5944E-06
5.2337E-06
4.8731E-06
4.5125E-06
4.1519E-06
3.7913E-06
3.4306E-06
3.0700E-06
2.7094E-06
2.3488E-06
1.9882E-06
1.6275E-06
1.2669E-06
9.0631E-07
5.4569E-07

图 5 - 17　0.05 s 主应变的方差(20 ℃)

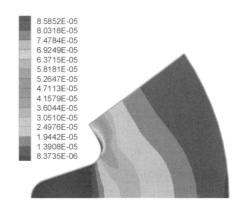

8.5852E-05
8.0318E-05
7.4784E-05
6.9249E-05
6.3715E-05
5.8181E-05
5.2647E-05
4.7113E-05
4.1579E-05
3.6044E-05
3.0510E-05
2.4976E-05
1.9442E-05
1.3908E-05
8.3735E-06

图 5 - 18　0.3 s 主应变的方差(20 ℃)

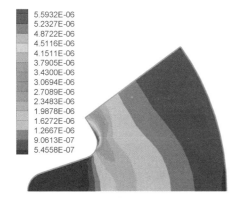

5.5932E-06
5.2327E-06
4.8722E-06
4.5116E-06
4.1511E-06
3.7905E-06
3.4300E-06
3.0694E-06
2.7089E-06
2.3483E-06
1.9878E-06
1.6272E-06
1.2667E-06
9.0613E-07
5.4558E-07

图 5 - 19　0.05 s 主应变的方差(-40 ℃)

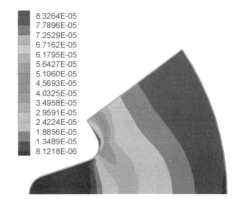

8.3264E-05
7.7896E-05
7.2529E-05
6.7162E-05
6.1795E-05
5.6427E-05
5.1060E-05
4.5693E-05
4.0325E-05
3.4958E-05
2.9591E-05
2.4224E-05
1.8856E-05
1.3489E-05
8.1218E-06

图 5 - 20　0.3 s 主应变的方差(-40 ℃)

表 5－6 给出了各个温度下最大主应变方差值。

表 5－6 最大主应变方差值

温　度/℃	＋50	＋20	－40
方差值	1.8×10^{-4}	1.2×10^{-4}	1.0×10^{-4}

5.4.4 药柱寿命预估

前面对药柱进行了试验研究和数值计算分析,下面利用试验和计算的结果对药柱进行概率统计的寿命预估。由于在受压力载荷条件下,常以延伸率为判据,故下面以延伸率为研究对象对药柱进行分析。

结合推进剂方坯自然老化试验数据和数值计算数据,可得各个温度下药柱的失效概率:

当贮存温度为 50 ℃时,失效概率为

$$p = 1 - \Phi\left[\frac{\varepsilon_c(t) - \varepsilon_{\max}}{\sqrt{\sigma_{mc}^c + \sigma_{1t}^2}}\right] = 1 - \Phi\left[\frac{(-0.772t + 29.638) - 8.28}{\sqrt{5.645^2 + 1.8}}\right]$$

$$= 1 - \Phi\left(\frac{21.358 - 0.772t}{5.8}\right)$$

当贮存温度为 20 ℃时,失效概率为

$$p = 1 - \Phi\left[\frac{(-0.991\,1t + 38.198) - 6.79}{\sqrt{5.318^2 + 1.2}}\right]$$

$$= 1 - \Phi\left(\frac{31.408 - 0.991\,1t}{5.43}\right)$$

当贮存温度为－40 ℃时,失效概率为

$$p = 1 - \Phi\left[\frac{(-2.719t + 42.508) - 6.7}{\sqrt{9.075^2 + 1.0}}\right] = 1 - \Phi\left(\frac{35.808 - 2.719t}{9.13}\right)$$

当药柱贮存时间为 15 年时,各个温度下贮存的失效概率如表 5－7 所列。

表 5－7 贮存 15 年时各个温度下的失效概率

贮存温度/℃	＋50	＋20	－40
失效概率 p/%	4.65	0.0	70.54

表 5 - 8 列出了失效概率为 15%（可靠度为 85%）时药柱的寿命。

表 5 - 8　失效概率为 15%时药柱的寿命

贮存温度/℃	+50	+20	-40
药柱寿命/年	17.1	28.5	8.4

由此，用最少贮存时间作为药柱的贮存寿命，可以得出，对于方坯自然老化贮存，药柱的寿命约为 8.4 年。

下面讨论发动机解剖试验。结合发动机解剖试验数据和数值计算数据，可得各个温度下药柱的失效概率：

当贮存温度为 50 ℃时，失效概率为

$$p = 1 - \Phi\left[\frac{(-0.209\,63t + 30.144) - 8.28}{\sqrt{4.46^2 + 1.8}}\right]$$
$$= 1 - \Phi\left(\frac{21.864 - 0.209\,63t}{4.66}\right)$$

当贮存温度为 20 ℃时，失效概率为

$$p = 1 - \Phi\left[\frac{(-0.608\,1t + 38.455\,6) - 6.79}{\sqrt{5.83^2 + 1.2}}\right]$$
$$= 1 - \Phi\left(\frac{31.665\,6 - 0.608\,1t}{5.93}\right)$$

当贮存温度为 -40 ℃时，失效概率为

$$p = 1 - \Phi\left[\frac{(-1.40t + 43.011) - 6.7}{\sqrt{9.662^2 + 1.0}}\right] = 1 - \Phi\left(\frac{36.311 - 1.4t}{9.71}\right)$$

药柱贮存时间为 15 年时，各个温度下贮存的失效概率如表 5 - 9 所列。

表 5 - 9　贮存 15 年时各个温度下的失效概率

贮存温度/℃	+50	+20	-40
失效概率 p/%	0	0	12.3

表 5 - 10 列出了失效概率为 15%（可靠度为 85%）时药柱的寿命。

表 5 - 10　失效概率为 15% 时药柱的贮存寿命

贮存温度/℃	+50	+20	-40
药柱寿命/年	73	38.4	17

由此可以得出药柱的寿命为 17 年。

比较方坯自然老化贮存试验和发动机解剖试验得到的结果,可以看出,方坯自然老化试验得出的寿命值较短,与点火试验和飞行试验不符,而发动机解剖试验由于真实地反映了发动机药柱的结构情况,故得到的结果跟飞行试验相符。

参考文献

[1] 楮桂栢. 航天技术概论[M]. 北京:中国宇航出版社,2002.

[2] 张平,孙维申,睦英. 固体火箭发动机原理[M]. 北京:北京理工大学出版社,1992.

[3] 王元有. 固体火箭发动机设计[M]. 北京:国防工业出版社,1984.

[4] 王光林. 固体火箭发动机设计[M]. 西安:西北工业大学出版社,1994.

[5] Kelley F, Trout J. Element of solid rochet service life prediction[C] //8th Joint Propulsion Specialist Conference,1972.

[6] Wang D T, Shearly R N. A review of solid propellant grain structural margin of safety prediction methods[J]. AIAA,1986(06):86-1415.

[7] 陈汝训. 固体火箭发动机设计与研究(上)[M]. 北京:中国宇航出版社,1992.

[8] 蔡峨. 粘弹性力学基础[M]. 北京:北京航空航天大学出版社,1989.

[9] 谭三五,王秉勋. 固体火箭发动机结构可靠性数字仿真的基本问题[J]. 推进技术,1993,(4):47-54.

[10] Christenser R M. A nonlinear theory of viscoelasticity for application to elastomers[J]. Journal of Applid Mechanics,1980,47:762-768.

[11] 朱兆祥.材料本构关系理论讲义[M].北京:科学出版社,2014.

[12] 王礼立.高应变率下材料动态力学性能[J].力学实践,1982,28(1):9-19.

[13] 唐志平,田兰桥,朱兆祥.高应变率下环氧树脂的力学性能[C]//中国力学学会主办.第二届全国爆炸力学学术会议论文集.扬州:《爆炸与冲击》编辑部,1981.

[14] Yun K S, Park J B, Jung G D, et al. Viscoelastic constitutive modeling of solid propellant with damage[J]. International Journal of Solids and Structures,2016,80:118-127.

[15] Tong X, Xu J, Doghri I, et al. A nonlinear viscoelastic constitutive model for cyclically loaded solid composite propellant[J]. International Journal of Solids and Structures,2020,198:126-135.

[16] Lei M, Wang J, Cheng J, et al. A constitutive model of the solid propellants

considering the interface strength and dewetting[J]. Composites Science and Technology, 2020, 185: 1-9.

[17] Swanson S R, Christensen L W. A constitutive formulation for high-elongation propellants[J]. Journal of Spacecraft & Rockets, 1983, 20(6): 559-566.

[18] Herrmann L R, Toms R M. A reformulation of the elastic field equations, in terms of displacements, valid for all admissible values of Poisson ratio[J]. Journal of Applied Mechanics, 1964, 31: 148-149.

[19] Herrmann L R. Elasticity equations for incompressible and nearly incompressible materials by variational theorem [J]. AIAA Journal, 1965, 3 (10): 1869-1900.

[20] 张海联. 固体推进剂药柱的近似不可压缩粘弹性增量有限元法[J]. 固体火箭技术, 2001, 24(2): 36-40.

[21] Philpot T A, Fridley K J, Rosowsky D V. Structural reliability analysis method for viscoelastic members[J]. Computers & Structures, 1994, 53 (3): 591-599.

[22] Heller R A, Kamat M P, Singh M P. Probability of solid-propellant motor failure due to environmental temperatures[J]. Journal of Spacecraft & Rockets, 1979, 16(3): 140-146.

[23] Heller R A, Singh M P. Thermal storage life of solid-propellant motors[J]. Journal of Spacecraft & Rockets, 1982, 20(2): 144-149.

[24] Williams M L. Initiation and growth of viscoelastic fracture[J]. International Journal of Fracture Mechanics, 1965, 1(4): 292-310.

[25] Racimor P, Nottin J P. Mechanical behavior of solid propellants during tensile test with variable temperature[C]// 25th Joint Propulsion Conference, 1989.

[26] J. L. White, Finite Element in Linear Viscoeloasticity[R]. AFFDL-TR-68-150.

[27] Eshelby J D. The elastic field outside an ellipsoidal inclusion[J]. Proceedings of the Royal Society of London. Series A, Mathematical and Physical Sciences, 1959, 252(1271): 561-569.

[28] Hill R. A self-consistent mechanics of composite materials[J]. Journal of the Mechanics and Physics of Solids, 1965, 13(4): 213-222.

[29] Budiansky B. On the elastic moduli of some heterogeneous materials[J]. Journal of the Mechanics and Physics of Solids, 1965, 13(4): 223-245.

[30] Mori T, Tanaka K. Average stress in matrix and average energe of materials with misfitting inclusion[J]. Acta Metallurgica, 1973, 21(5): 571-574.

[31] Tan H, Liu C, Huang Y, Geubelle P H. The cohesive law for the particle/

matrix interfaces in high explosives[J]. Journal of the Mechanics and Physics of Solids, 2005, 53(8): 1892-1917.

[32] Matous K, Inglis H M, Gu X F, et al. Multiscale damage modeling of solid propellants: theory and computational framework[C]// 41 st AIAA/ASME/SAE/ASEE Joint Propulsion Conference & Exhibit, 2005.

[33] 方岱，齐航. 颗粒增强复合材料有效性能的三维数值分[J]. 力学学报，1996，28(4)：475-482.

[34] 彭威，任均国，周建平. 复合固体推进剂脱湿模型的研究[J]. 固体火箭技术，2000，23(2)：48-51.

[35] 袁嵩，汤卫红，李高春. 复合推进剂的细观失效机理分析[J]. 固体火箭技术，2006，29(1)：48-51.

[36] 李高春，邢耀国，王玉峰. 基于细观力学的复合固体推进剂模量预估方法[J]. 推进技术，2007，28(4)：441-444.

[37] 曲凯，张旭东，李高春. 基于内聚力界面脱粘的复合固体推进剂力学性能研究[J]. 火炸药学报，2008，31(6)：77-81.

[38] 刘承武，阳建红，陈飞. 改进的 Mori-Tanaka 法在复合推进剂非线界面脱粘中的应用[J]. 固体火箭技术，2011，34(1)：67-70.

[39] 殷有泉. 固体力学非线性有限元引论[M]. 北京：北京大学出版社，清华大学出版社，1987.

[40] 胡亚非. 不可压缩和近乎不可压缩粘弹性有限元法[D]. 北京：北京理工大学，1992.

[41] 陈虬，刘先斌. 随机有限元法及其工程应用[M]. 成都：西南交通大学出版社，1993.

[42] Vanmarcke E, Shinozuka M. Random Fields and Stochastic Finite Element Method[J]. Struct Safety, 1986,3:143-166.

[43] 朱位秋，任永坚. 基于随机场局部平均的随机有限元法[J]. 固体力学学报，1988,4:261-271.

[14] 张海联，周建平. 粘弹性随机有限元[J]. 固体力学学报，2002，23(4)：387-396.

[45] 张海联. 固体火箭发动机药柱的粘弹性不确定结构分析[D]. 长沙：国防科技大学，2002.

[46] Knott G M, Jackson T L, Buckmaster J. Random packing of heterogeneous propellants[J]. AIAA Journal, 2001, 39(4): 678-686.

[47] Buckmaster J, Jackson T L, Ulrich M. Numerical modeling of heterogeneous propellant combustion [C] // 37th Joint Propulsion Conference and

Exhibit,2001.

[48] Zhi S J, Bing S, Zhang J W. Multiscale modeling of heterogeneous propellants from particle packing to grain failure using a surface-based cohesive approach[J]. Acta Mechanica Sinica, 2012, 28(3): 746-75.

[49] Matous K, Inglis H M, Gu X F, et al. Multiscale damage modeling of solid propellants: theory and computational framework[C]// 41st AIAA/ASME/SAE/ASEE Joint Propulsion Conference & Exhibit, 2005.

[50] 王本华,刘晓,张戈. 固体药柱大变形分析[J]. 推进技术,1993,(5):25-30.

[51] 封涛,郑健,许进升,等. 复合固体推进剂细观结构建模及脱粘过程数值模拟[J]. 航空动力学报, 2018, 33(01): 223-231.

[52] 封涛. 基于细观模型的复合固体推进剂损伤数值模拟[D]. 南京:南京理工大学, 2018.

[53] 职世君,张建伟,张泽远. 复合固体推进剂细观损伤形貌数值模拟[J]. 固体火箭技术, 2015, 38(02): 239-244.

[54] Shi R, Sun B Y, Liu X H, et al. A mesoscopic damage model of solid propellants under thermo-mechanical coupling loads[J]. Polymer Testing, 2019, 79.

[55] Chen M, Buckmaster J, Jackson T L, et al. Homogenization issues and the combustion of heterogeneous solid propellants[J]. Proceedings of the Combustion Institute, 2002, 29(2): 2923-2929.

[56] 罗怀德,张昊,杜娟. 固体推进剂使用寿命快速预测探索研究[J]. 固体火箭技术, 2000, 23(1):31-35.

[57] 张昊. 线性活化能法预估推进剂贮存寿命研究[J]. 固体火箭技术, 2002, 25(3):56-58.

[58] George E, Weeks, Thomas L, et al. Service life analysis of rocket motors with internal gas generation[J]. Journal of Spacecraft and Rockets, 1983,20(3):257-257.

[59] 赵伯华,高鸣. 火箭装药贮存寿命失效临界点的研究[J]. 推进技术, 1996, 17(3):68-71.

[60] Layton L H. Chemical structural aging studies on an HTPB propellant, AD-A010731[R]. Spring field: NTIS, 1975.

[61] 邢耀国,马银民,董可海. 用长期贮存定期检测法预测药柱使用寿命[J]. 推进技术, 1999, 20(5):39-43.

[62] Gerald A, CollingWood. Solid Rocket Service Life Prediction Using Nonlinear Viscoelastic Analysis of Probability Approach[R]. AD-A330303.

[63] 朱智春. 固体火箭发动机药柱寿命预估研究[D]. 北京:北京航空航天大

学，1997.

[64] 韩龙. 复合固体推进剂细观损伤机理及本构模型研究[D]. 南京:南京理工大学，2017.

[65] 王元有. 不可压缩粘弹性有限元法及其对推进剂药柱应力分析的应用[J]. 航空动力学报,1993,8(4):5.